U0156440

21 世纪机电类专业系列教材

零部件测绘与 CAD 制图实训

第 2 版

主　编　李国东　卓良福　谭小蔓

副主编　江进枝　张何仙　梁伟升　汤建浩　许明聪　王秀季

参　编　魏佳煜　艾　雄　马春雷　李学军　杨家敏　张　彬
　　　　林邦怀　徐　卯　张锡标　肖　勇　金　洁

主　审　张方阳　范家柱

机械工业出版社

本书系统地介绍了零部件测绘与CAD成图技术的训练方法，内容包含了测绘的技术规范（6S管理）、各种常用量具的使用方法、机构中零件三维建模及二维工程图绘制、整个机构三维模型装配以及二维装配图的绘制等，同时还介绍了与机械制图相关的机械专业基础知识。本书为配套齐全的新形态教材，扫描书中的二维码即可观看相关的微课视频。

　　本书可作为职业技术学校、技工院校零件测绘与CAD成图技术课程的教材，也可供机械专业绘图人员学习与训练使用。由于本书介绍的训练方法与"全国职业院校技能大赛——零部件测绘与CAD成图技术"的要求相符合，因此也可供参加此类竞赛的选手和培训机构参考。

图书在版编目（CIP）数据

零部件测绘与CAD制图实训 / 李国东，卓良福，谭小蔓主编 . —2版 . —北京：机械工业出版社，2024.2

21世纪机电类专业系列教材

ISBN 978-7-111-75209-7

Ⅰ . ①零… Ⅱ . ①李… ②卓… ③谭… Ⅲ . ①机械元件 – 测绘 – 计算机辅助设计 – AutoCAD 软件 – 教材 Ⅳ . ① TH13

中国国家版本馆 CIP 数据核字（2024）第 043351 号

机械工业出版社（北京市百万庄大街 22 号　邮政编码 100037）
策划编辑：王晓洁　　　责任编辑：王晓洁　关晓飞
责任校对：张亚楠　　　封面设计：陈　沛
责任印制：郜　敏
中煤（北京）印务有限公司印刷
2024 年 4 月第 2 版第 1 次印刷
184mm×260mm　·15.5 印张·422 千字
标准书号：ISBN 978-7-111-75209-7
定价：49.80 元

电话服务　　　　　　　　　网络服务
客服电话：010-88361066　机 工 官 网：www.cmpbook.com
　　　　　010-88379833　机 工 官 博：weibo.com/cmp1952
　　　　　010-68326294　金 书 网：www.golden-book.com
封底无防伪标均为盗版　机工教育服务网：www.cmpedu.com

前 言 PREFACE

随着"中国制造2025"的提出，我国的制造企业加快了智造化发展进程，各种新产品层出不穷。许多产品是在原有产品测绘的基础上进行改良换代升级而成的。此外，机械设备的技术改造、技术革新也需要现场测绘零部件样图。深入贯彻党的二十大关于实施人才强国战略，为培养造就大批德才兼备的高素质人才，离不开掌握现代测绘技术的高技能人才。

因此，我们结合"工学结合"人才培养实践，以及实施项目教学多年的教学经验，并且根据企业对测绘人才技术岗位能力的需求以及中望CAD软件在行业应用日渐普及的现状，编写了本书。在本书编写过程中，我们坚持科学严谨、务实创新的原则，在内容组织、结构设计及教学组织等方面做了较大的创新，以"简单即是实用"为原则，以行动导向为主线，以精选的工程项目为内容，在"做中学、学中教"的过程中培养学生将技能与知识融会贯通的能力。

本书共有四个项目，主要针对制造加工类专业新标准和企业零部件测绘工作内容需求，将一套运动机构贯穿整个专业教学过程，围绕"市场应用的普遍性，学习发展的可持续性"的要求，主要介绍了零部件测绘与CAD成图的工程技术规范、测量工具的使用，通过三维建模与二维成图技术、三维装配图的实践培养学生测量、绘制、装配等工程应用能力。书中重点内容配套了多个微课视频和动画，扫描书中的二维码即可观看。

本书精选了大量典型实例，紧扣"项目引导，任务驱动"和"必需、够用"的设计原则，文字做到少而精，每个任务配备了加工示意图、操作步骤、参考程序以及实际操作插图，可以作为职业技术学校、技工院校学习零部件测绘技术的实训教材，也可以作为技能大赛的参考书。

本次修订特别加入"职业素养"内容。新时代不仅需要大量有知识、有技术的人才，更需要有理想、有信仰、德才兼备的奋斗者。根据习近平总书记提出的立德树人的任务和精神，本书落实党的二十大精神进课堂、进教材的要求，引导学生增强中国特色社会主义道路自信、理论自信、制度自信、文化自信，厚植爱国主义情怀，把爱国情、强国志、报国行自觉融入坚持和发展中国特色社会主义、建设社会主义现代化国家、实现中华民族伟大复兴的奋斗之中。

本书由李国东、卓良福、谭小蔓任主编，江进枝、张何仙、梁伟升、汤建浩、许明聪、王秀季担任副主编，李国东负责全书统稿，张方阳、范家柱担任审校，魏佳煜、艾雄、马春雷、李学军、杨家敏、张彬、林邦怀、徐卯、张锡标、肖勇、金洁也参加了本书的编写工作。

在本书编写过程中，行业专家给予了大力支持与帮助，并提出许多宝贵意见，在此表示衷心的感谢！

由于零件测绘技术以及软件技术日新月异，时代感强，目前的职业教育校企合作、工学结合尚处于摸索探究阶段，加上编者水平有限，书中难免有错漏之处，恳请各位读者批评指正。

编 者

二维码清单

任务号	名称	图形	任务号	名称	图形
任务 2-1	钢直尺的使用		任务 3-1	垫圈	
任务 2-2	游标卡尺的使用		任务 3-2	连杆	
任务 2-3	深度卡尺的使用		任务 3-3	转销	
任务 2-4	内、外径千分尺		任务 3-4	基座	
任务 2-5	游标万能角度尺		任务 3-5	活塞杆	
任务 2-6	中心距卡尺		任务 3-6	输入轴	
任务 2-7	其他量具				

目 录 CONTENTS

1 项目 1
零部件测绘的准备工作

任务 1-1 认识零部件测绘

 任务描述

齿轮连冲运动机构由若干个装配在一起的零件组成。学生通过对每个零件的学习和训练，完成不同的项目，掌握不同的知识点，逐步培养测绘能力，为今后学习和社会实践打下坚实的基础。

 知识目标

● 机械零部件测绘的内容、目的和要求
● 零部件测绘的方法
● 零部件测绘的应用

 能力目标

● 掌握零部件测绘的整个过程
● 了解零部件测绘的方法
● 了解零部件测绘在行业中的作用

 相关知识

一、机械零部件测绘的内容、目的和要求

1. 齿轮连冲运动机构零部件测绘的全过程

零部件测绘的全过程
- 1. 做好测绘前的准备工作
- 2. 了解绘图对象
- 3. 拆卸机构部件
- 4. 测量并绘制每个零部件的三维模型和二维图
- 5. 绘制三维装配图
- 6. 绘制二维装配图

2.零部件测绘的目的

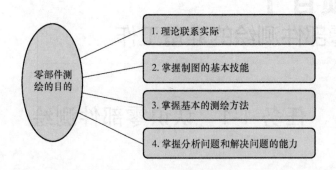

3.零部件测绘的要求

（1）具有正确的工作态度　零部件测绘这门课程是对学生一次全面的绘图训练，对学生今后的专业设计和实际工作都有非常重要的意义。因此，必须积极认真、一丝不苟地练习，只有在项目学习中做到学中做、做中学，才能在绘图方法和技能方面得到锻炼和提高。

（2）培养独立的工作能力　零部件测绘是在教师指导下由学生独立完成的。学生在测绘中遇到问题，应及时复习有关的内容或参阅有关的资料，经过主动思考或与同组成员进行讨论，从而获得解决问题的方法，不能依赖性地、简单地索要答案。

（3）树立严谨的工作作风　表达方案的确定要经过周密的思考，制图应正确且符合国家标准，反对盲目、敷衍、草率的工作作风。

（4）培养按计划工作的习惯　在实训过程中，学生应遵守纪律，在规定的实训室按预定的计划保质保量地完成实训任务。

二、零部件测绘的方法

1）正确选择零件视图的表达方法，所选视图应符合机械制图的有关标准和规定，力求表达方案简洁、清晰、完整，用最少的图形将零件的结构形状表达清楚。

2）应在画出主要图形后集中标注尺寸。要注意测量的顺序，先测量各部分的定形尺寸，后测量定位尺寸。测量时应考虑零件各部位的精度要求，将粗略的尺寸和精度要求高的尺寸分开测量。对于不便直接测量的尺寸（如锥度、斜度等），可在测量相关数据后，再利用几何知识进行计算。

三、零部件测绘的应用

1）修复零件与改造设备。在维修机器或设备时，如果其某一零部件损坏，在无备件与图样的情况下，就需要对损坏的零部件进行测绘，画出图样以满足该零部件再加工的需要。有时为了发挥已有设备的潜力，也需要对部分零部件进行测绘，然后进行结构上的改进并配置新的零部件或机构，以改变机器设备的性能，提高机器设备的效率。

2）设计新产品。在设计新机械产品时，途径之一是对已有实物产品进行测绘，通过对测绘对象的工作原理、结构特点、零部件加工工艺、安装维护等方面进行分析，取人之长、补己之短，从而设计出比同类产品性能更优的新产品。

3）仿制产品。对于一些引进的新机械或设备（无专利保护），如果其性能良好并具有一定的推广应用价值，但缺少技术资料和图样，可通过测绘机械或设备的所有零部件，获得生产这种新机械或设备的有关技术资料，以便组织生产。这种仿制优点是速度快，成本低。

任务 1-2　熟悉测绘的软硬件平台

 任务描述

学习测绘齿轮连冲运动机构所用的绘图软件为中望 3D CAD/CAM（也称为中望 3D），它涵盖了 3D 实体 / 曲面混合建模、以装配为中心的参数化设计、工程图设计等知识点。本任务以初步了解中望 3D 各知识点为目标，熟悉齿轮连冲运动机构的运动原理和结构，引导学生对测绘零件的学习。

 知识目标

- 认识测绘用软件
- 认知测绘机构的运动原理和结构

 能力目标

- 基本熟悉软件的使用界面
- 培养学生正确使用鼠标和键盘快捷键进行绘图的能力
- 学会分析齿轮连冲运动机构的结构原理图和运动原理

 相关知识

一、中望 3D 软件操作界面以及工具条

1）中望 3D 软件的功能模块包括 3D 实体 / 曲面混合建模、以装配为中心的参数化设计、工程图设计、可选的模具设计和从 2 轴到 5 轴加工的 CAM 集成软件包等，如图 1-2-1 所示。其中，测绘齿轮连冲运动机构使用最多的功能模块是 3D 实体 / 曲面混合建模、以装配为中心的参数化设计和工程图设计。

中望 3D 软件 3D 实体 / 曲面混合建模操作界面如图 1-2-2 所示，常用功能集中存放，不需要查找菜单，合理的布局方式便于找到绘图命令。

① 功能图标区。包括造型、曲面、线框、直接编辑、装配、钣金、FTI、焊件、点云、数据交换、修复、PMI、工具、视觉样式、查询、电极和模具，如图 1-2-3 所示。其具有使用快捷、方便、灵活的特点。

② 操作管理器。用于对执行的操作进行管理，记录绘图步骤和刀路设置步骤，可以在其中进行重新设置和编辑。

③ 坐标。用于确定当前绘图 X、Y、Z 轴绘图方向。

④ 绘图区域。主要用于绘制草图、实体建模、产品装配、运动仿真等操作的场所。

2）中望 3D 装配设计过程是在装配中建立部件之间的链接关系。通过装配条件在部件间建立约束关系来确定部件在产品中的位置。装配设计中包含了许多与建模模块中不同的术语和基本概念。装配功能如图 1-2-4 所示。

3）中望 3D 工程图模块可以把建模应用模块创建的特征生成工程图。创建的工程图与模型完全关联。用户可以直接在新建文件中创建工程图，如图 1-2-5 所示。

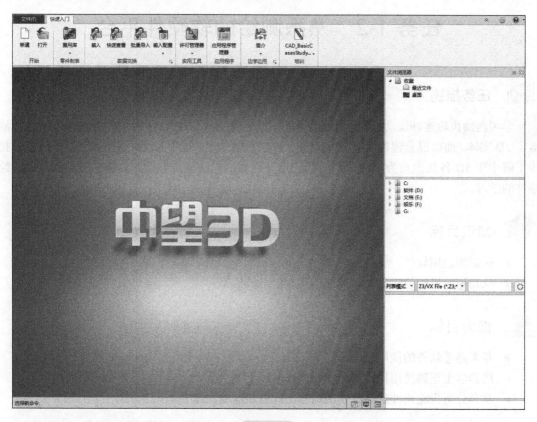

图 1-2-1

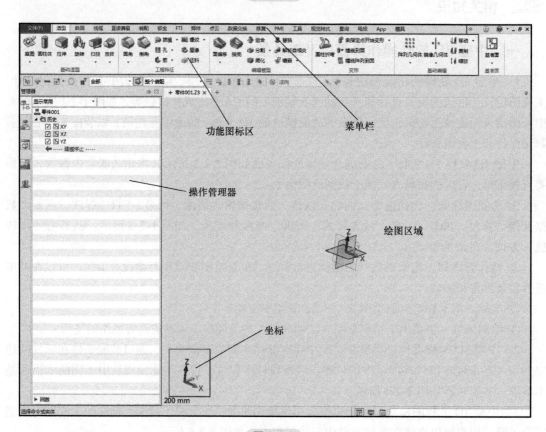

图 1-2-2

图 1-2-3

图 1-2-4

图 1-2-5

也可以完成三维模型设计之后在三维模型的基础上应用工程图模块创建工程图，如图 1-2-6 所示。

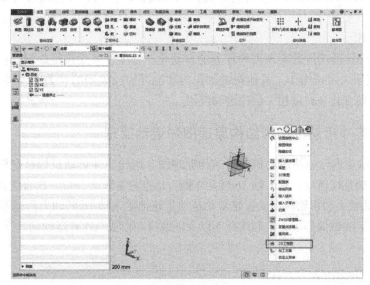

图 1-2-6

二、鼠标和键盘的快捷键应用

1. 鼠标用法

中望 3D 系统采用普通三键式鼠标与用户进行交互。初学者应熟练掌握中望 3D 系统的操作技巧。

2. 鼠标键布局

1）🖱 左键单击：选取一个实体并添加到激活列表内。左键双击：选取一个实体，并自动调用一个默认命令处理该实体。

2）🖱 滚轮单击：接受激活列表（由单击鼠标左键选定）并显示一个处理该激活列表的默认命令。

3）🖱 右键单击（实体高亮显示）：选定实体并显示一项处理功能菜单。右键单击（实体未高亮显示）：显示插入 / 创建实体以及其他不同选项的一个默认弹出菜单。

3.【Enter】键

【Enter】键与单击鼠标中键的功能很相似。当文本输入框处于非激活状态或者处于激活但尚未有任何输入的状态下，按【Enter】键与单击鼠标中键的作用相同。单击鼠标中键和按【Enter】键也有各自不同的作用。在文本输入框应用默认值时，可单击鼠标中键予以确认。在文本输入框应用输入值时，按【Enter】键予以确认。

4. 鼠标用于缩放

中望 3D 系统支持通过鼠标滚轮实现缩放操作。往前滚动是缩小，往后滚动则是放大。也可以通过按住【Ctrl】键和鼠标中键实现缩放操作。往前移动是缩小，往后移动是放大。

该功能可随时用于图形窗口（例如零件、草图、工程图和 CAM 级）里的几何体的缩放操作。缩放时，默认以当前光标的所在位置为起始点。设置中望 3D 配置对话框中的显示选项卡，可将该点重设为显示中心。

5. 鼠标用作自动选择过滤器

按下【Shift】键时，中望 3D 系统支持鼠标滚轮作为实体过滤器使用（例如自动选择过滤器）。当鼠标光标未定位于任何实体之上时，一切状态将如常，而当选中一个对象时，用户就可滚动鼠标滚轮来选择当前光标位置附近的可选实体。例如当光标已定位于一条边线上时，按住【Shift】键并滚动鼠标滚轮便可将预选区从边线扩展至面、外壳或者特征，或者返回至边线。

6. 键盘的使用

中望 3D 利用键盘功能键实现多种任务的自动化。许多任务受按键影响，按下键时就会出现操作，放开键则关闭该操作。其他按键则作为功能开启或关闭的开关。为提高绘图的速度，也可以通过设置的方式来设定相关快捷键的使用。

三、齿轮连冲运动机构的结构原理图和运动原理

图 1-2-7 所示是齿轮连冲运动机构的结构原理图。齿轮连冲运动机构是把机构的旋转运动转换为活塞杆 8 的直线运动，输入轴 16 转动 1 圈，活塞杆 8 就会完成一次直线冲程运动。动力从输入轴 16 传递给主动齿轮，主动齿轮带动从动齿轮把输入轴 16 的动力传递至输出轴 15，输出轴 15 与偏心套 14 做偏心运动，与连杆 5 以及活塞杆 8 形成三连杆运动副。

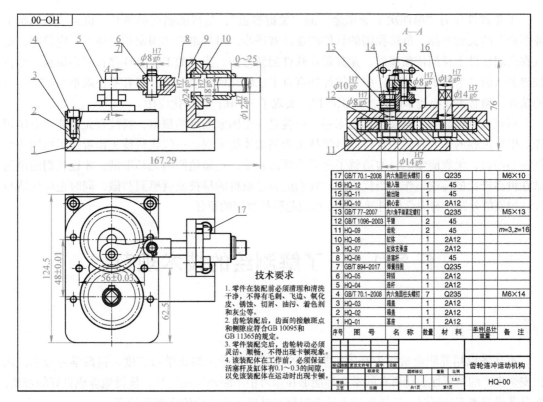

17	GB/T 70.1-2008	内六角圆柱头螺钉	6	Q235	M6×10
16	HQ-12	输入轴	1	45	
15	HQ-11	输出轴	1	45	
14	HQ-10	偏心套	1	2A12	
13	GB/T 77-2007	内六角平端紧定螺钉	1	Q235	M5×13
12	GB/T 1096-2003	平键	2		
11	HQ-09	齿轮	2	45	m=3,z=16
10	HQ-08	缸体	1	2A12	
9	HQ-07	缸体支承座	1	2A12	
8	HQ-06	活塞杆	1	45	
7	GB/T 894-2017	弹簧挡圈	1	Q235	
6	HQ-05	转销	1	2A12	
5	HQ-04	连杆	1	2A12	
4	GB/T 70.1-2008	内六角圆柱头螺钉	7	Q235	M6×14
3	HQ-03	箱盖	1	2A12	
2	HQ-02	箱座	1	2A12	
1	HQ-01	基座	1	2A12	
序号	图 号	名 称	数量	材料	单件/总计 重量 / 备 注

技术要求
1. 零件在装配前必须清理和清洗干净，不得有毛刺、飞边、氧化皮、锈蚀、切屑、油污、着色剂和灰尘等。
2. 齿轮装配后，齿面的接触斑点和侧隙应符合GB 10095和GB 11365的规定。
3. 零件装配完后，齿轮转动必须灵活、顺畅，不得出现卡顿现象。
4. 该装配体在工作时，必须保证活塞杆及缸体有0.1~0.3的间隙，以免该装配体在运动时出现卡顿。

齿轮连冲运动机构 HQ-00

图 1-2-7

 课后练习

请填写命令功能对应的快捷键，如未设置相关快捷键，请自行设置后填写到框中。

命令功能	快捷键	命令功能	快捷键
保存		拉伸	
撤销		草图	
取消最后一次选择		着色	
退出		线框	
等轴测视图		倒角	
整图缩放		圆柱体	
自动对齐		方程式管理器	

 职业素养：科技兴国

在"八纵八横"高速铁路网络上，复兴号高速列车风驰电掣；全球组网的北斗卫星导航定位系统助力民用和军用科技；C919国产大飞机首飞成功标志着当前中国航空产业和科技水平取得的重大进步；我国的"天宫"空间站全面建成，代表着我国在航天领域的巨大成功，也是人类航天史上的重要里程碑。

以上是近十几年来，我国科技创新事业发生的历史性、整体性、格局性重大变化。我们党历来高度重视科技事业，如今更是迈上了全面建设社会主义现代化国家的新征程，科技、人才、创新的战略意义提升到了新的高度。今天的中国，到处活跃着科技发展带来的便利。

工业软件作为"第四次工业革命"的"关键赛道"，是智能制造的核心，也是"第四次工业革命"的关键支撑。虽然我国的软件产业已有进步，但是跟发达国家相比还有一定差距，而且在高端软件上长期依赖国外，尤其是在软件创新方面。我国的工业软件存在很多短板，是科技界公认的"卡脖子"技术。中望软件拥有自主三维几何建模内核，有着不畏艰难与不断创新的精神，拥有了核心技术的自主知识产权，实现了 3D 软件国产化应用。

科技兴则民族兴，科技强则国家强。科技是一个国家发展的根本，科技领先才能全方位领先。中华民族的伟大复兴一定得以科学技术为基础才能实现。一代代科技工作者为了祖国的发展呕心沥血，无数前辈的努力造就了今天中国的繁荣，正是他们的无私奉献，才让我们的祖国站在世界舞台的前端。作为当代青年，我们应为已取得的科技成就感到骄傲，同时也应认清与发达国家的差距，努力学好科学技术，承担起科技兴国的重任。

任务 1-3　了解测绘的技术规范

任务描述

本任务以培养职业素质为基础，学习 6S 管理，使学生端正学习态度，提高学习效率，认识安全生产的重要性。让所有的学生都能够在学习中不断地矫正问题，慢慢地养成良好的习惯，在具备优秀素养的同时，让学生进入社会时更容易融入现代化的生产和管理。

知识目标

- 掌握 6S 管理的含义
- 掌握 6S 管理中的工作要求
- 理解 6S 管理的目的

能力目标

- 学会 6S 管理内容，提升自身职业素质
- 有效地提高学习或生产效率
- 明白 6S 管理的目的，消除安全隐患

相关知识

6S 管理是指对生产现场各生产要素（主要是物的要素）所处状态不断进行整理、整顿、清洁、清扫、提高素养及安全的活动。6S 管理最先起源于日本，从起初的 4S 管理一直演变到现在的整理（Seiri）、整顿（Seiton）、规范（Standard）、清洁（Seiketsu）、素养（Shitsuke）和安全（Safety）6 项内容，由于这六个词英文名称的第一个字母是"S"，所以简称 6S。

（1）整理（Seiri）　将工作场所的任何物品区分为有必要和没有必要的，除了有必要的留下来，其他的都消除掉，如图 1-3-1 所示。

目的：腾出空间，使空间活用，防止误用，塑造清爽的工作场所。

（2）整顿（Seiton）　把留下来的要用的物品依规定位置摆放，放置整齐并加以标示。

目的：工作场所一目了然，减少寻找物品的时间，整洁的工作环境，消除过多的积压物品。

（3）规范（Standard）　将工作场所内的物品按要求放置，按企业要求规范化管理。

目的：稳定品质，减少工作伤害。

（4）清洁（Seiketsu）　维持上述 3S 成果。

（5）素养（Shitsuke）　每位成员养成良好的习惯，并遵守规则做事，培养积极主动的精神（也称习惯性）。

目的：培养有好习惯、遵守规则的员工，营造团队精神。

（6）安全（Safety）　重视全员安全教育，每时每刻都有安全第一的观念，防患于未然。

目的：建立起安全生产的环境，所有的工作应建立在安全的前提下。

图 1-3-1

 课后练习

按照 6S 管理方式，摆放一次如图 1-3-1 所示的工作场景并做评价。

2 项目 2
测绘工具的使用

任务 2-1　使用直尺

任务描述

使用直尺测量工件长度尺寸等参数，掌握使用直尺测量工件尺寸的方法。培养学生的质量意识。钢直尺如图 2-1-1 所示。

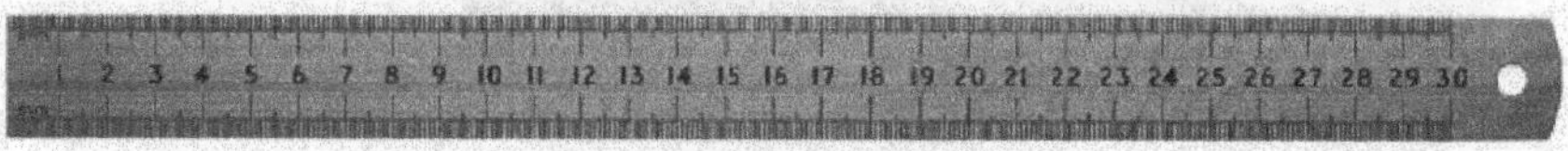

钢直尺的使用

图 2-1-1

知识目标

- 了解直尺的规格和刻度值
- 了解直尺的测量精度、测量特点和用途
- 掌握直尺读数方法和测量步骤

能力目标

- 学会使用直尺测量工件各种轮廓尺寸
- 能快速准确读出测量尺寸的数值

任务实施

 认识钢直尺

钢直尺是最简单的长度量具，它的长度有 150mm、300mm、500mm、1000mm 四种常用的规格。图 2-1-1 所示为 300mm 钢直尺。

一、钢直尺的用途（图 2-1-2）

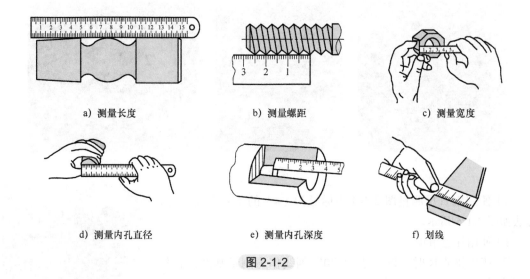

a）测量长度　　　　　　b）测量螺距　　　　　　c）测量宽度

d）测量内孔直径　　　　e）测量内孔深度　　　　f）划线

图 2-1-2

二、测量特点

1）由于钢直尺的刻线间距为 1mm，而刻线本身宽度就有 0.1～0.2mm，所以用钢直尺测量零件的线性尺寸，测量结果是不太准确的，测量时读数误差比较大，只能读出毫米数，也就是说使用钢直尺的最小读数值为 1mm，小于 1mm 的数值，只能估读。

2）如果用钢直尺直接去测量零件的直径尺寸（轴径或孔径），则测量精度更差。其原因是：除了钢直尺本身的读数误差比较大以外，还由于钢直尺无法正好放在零件直径的正确位置。所以，零件直径尺寸的测量，也可以利用钢直尺和内外卡钳配合起来进行。

活动二　使用钢直尺测量缸体支撑座

使用钢直尺测量缸体支撑座零件的 4 个指定尺寸并标注，如图 2-1-3 所示。

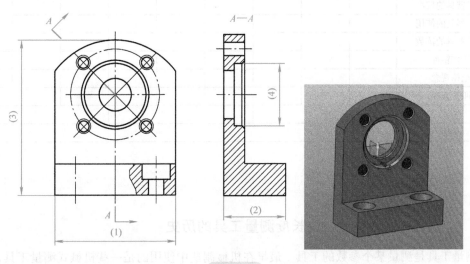

图 2-1-3

1）使用钢直尺测量图 2-1-3 中标号为（1）、（2）、（3）的工件外形尺寸，方法如图 2-1-4 所示。

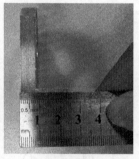

图 2-1-4

2）使用钢直尺测量图 2-1-3 中标号为（4）的工件内孔尺寸，方法如图 2-1-5 所示。

3）使用注意事项。

① 使用钢直尺时，以端边的"0"刻线作为测量基准，容易找到测量基准，而且便于读数和计数。

② 测量时，钢直尺要放平、放正，刻度面朝上、朝外，不得前后、左右歪斜，否则，从尺上读得的数比被测的实际尺寸大。

③ 读数时，视线必须与尺面相垂直，以免产生读数误差。

图 2-1-5

考核评价

任务评价表

班级＿＿＿＿＿＿＿＿　　　　　　小组号＿＿＿＿＿＿＿＿

姓名＿＿＿＿＿＿＿＿　　　　　　学　号＿＿＿＿＿＿＿＿

项目	自我评价			小组评价			教师评价		
	10～9	8～6	5～1	10～9	8～6	5～1	10～9	8～6	5～1
	占总评 10%			占总评 30%			占总评 60%		
测量器具的选用									
测量器具的校准									
测量器具的使用									
测量器具的读数									
协作精神									
纪律观念									
职业素养									
小计									
总评									

 拓展知识

长度测量工具的历史

测量工具是测量某个参数的工具。最早在机械制造中使用的是一些机械式测量工具，例如角尺、卡钳等。16 世纪，在火炮制造中已开始使用光滑量规。19 世纪中叶以后，先后出现了类似于现代机械式外径千分尺和游标卡尺的测量工具。19 世纪末期，出现了成套量块。继机械测量工具之后出现的是一批光学测量工具。19 世纪末，出现了立式测长仪；20 世纪初，出现了测长机。到 20 世纪 20 年代，已经在机械制造中应用投影仪、工具显微镜、光学测微仪等进行测量。1928 年出现了气动量仪，它是一种适合在大批量生产中使用的测量工具。电学测量工具是在 20 世纪 30 年代出现的，最初出现的是利用电感式长度传感器制成的界限量规和轮廓仪。20 世纪 50 年代后期出现了以数字显示测量结果的坐标测量机。20 世纪 60 年代中期，在机械制造中已应用带有电子计算机辅助测量功能的坐标测量机。至 20 世纪 70 年代初，又出现计算机数字控制的齿轮量仪，至此，测量工具进入应用电子计算机的阶段。

 课后练习

请结合所学知识，用钢直尺测量缸体零件相关尺寸，标注零件图中指定的 3 个空白尺寸，如图 2-1-6 所示。

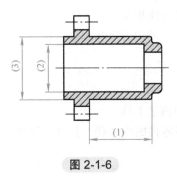

图 2-1-6

 职业素养：认真严谨、职业素养、爱岗敬业

在使用量具测量的过程中，从准备量具到具体实施，从对部件中零件装配位置进行标记记号开始，到组装完成的每一个细节，整个过程需要规范操作。测量中，量具与仪表要摆放整齐，上课前将量具与仪表按一定顺序摆放，课后也应将其摆放有序，检查工作台面和地面是否干净，保持实验室卫生，检查所有计算机、照明灯等设备的电源是否关闭。如果每次测绘课同学们都能认真对待，做好每一个细节，在学校就开始从小事做起，从简单的事做起，慢慢养成良好的工作习惯，这对同学们将来的工作是非常有帮助的。除了拥有过硬的专业知识和技能，更是要有一种认真严谨、一丝不苟、爱岗敬业的精神。

任务 2-2　使用游标卡尺

游标卡尺的使用

 任务描述

游标卡尺是技能操作中最重要的测量工具之一，正确使用游标卡尺测量和读数是学生必备的基本功。本任务就是学习使用游标卡尺测量零件尺寸。游标卡尺如图 2-2-1 所示。

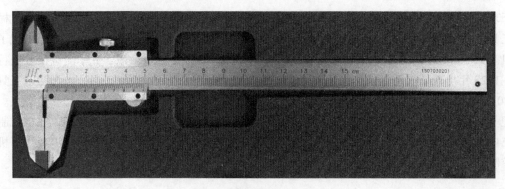

图 2-2-1

知识目标

- 掌握游标卡尺的结构、类型和规格
- 掌握游标卡尺的主要技术性能指标
- 掌握游标卡尺的读数方法、使用方法和测量步骤

能力目标

- 会根据零件实际情况选用测量工具
- 能正确使用游标卡尺测量零件的内外径、长度等尺寸，提高测量能力

相关知识

游标卡尺常用来测量零件的内外径、长度、宽度、高度、深度等尺寸，应用范围广且具有结构简单、使用方便、测量范围大、精度高等特点。

任务实施

活动一 认识游标卡尺

一、游标卡尺的结构（图 2-2-2）

普通游标卡尺由尺身及能在尺身上滑动的游标组成，游标上部有一紧固螺钉，可将游标固定在尺身上的任意位置。尺身和游标都有量爪，利用内测量爪可以测量槽的宽度和管的内径，利用外测量爪可以测量零件的厚度和管的外径。深度尺与游标连在一起，可以测量槽和内孔的深度。尺身和游标上面都有刻度。

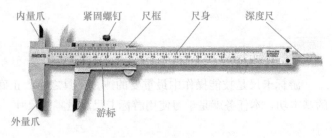

图 2-2-2

二、游标卡尺的种类及特点

游标卡尺通常分为普通游标卡尺、带表游标卡尺和电子数显游标卡尺三大类，它们的结构特点见表 2-2-1。

表 2-2-1　游标卡尺的种类及特点

类型	结构	特点
普通游标卡尺		用游标读数的通用游标卡尺
带表游标卡尺		带表卡尺也称为附表卡尺，它运用齿条齿轮传动带动指针显示数值，尺身上有大致的刻度，结合指示表读数，比游标卡尺读数更为快捷准确
电子数显游标卡尺		具有读数直观、使用方便、功能多样的特点。电子数显游标卡尺主要由尺身、传感器、控制运算部分和数字显示部分组成

三、游标卡尺的用途（图 2-2-3）

游标卡尺常用来测量零件的内外径、长度、宽度、高度、深度等尺寸。

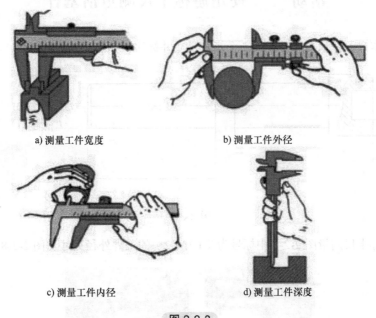

a) 测量工件宽度　　　　b) 测量工件外径

c) 测量工件内径　　　　d) 测量工件深度

图 2-2-3

四、游标卡尺的读数方法

普通游标卡尺的读数机构由尺身和游标两部分组成。当活动量爪与固定量爪贴合时，游标上的"0"刻度线对准尺身上的"0"刻度线，此时量爪间的距离为"0"，如图 2-2-4 所示。

当尺框向右移动到某一位置时，固定量爪与活动量爪之间的距离，就是零件的测量尺寸。

零件尺寸的整数部分，可在游标零线左边的尺身刻度线上读出来，小数部分则要借助游标读数机构读出来，如图 2-2-5 所示。

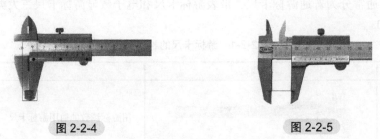

图 2-2-4　　　　　　　　　　　　　图 2-2-5

现以游标分度值为 0.02mm 的游标卡尺举例说明读数方法，如图 2-2-6 所示。

图 2-2-6

第一步：读出尺身上的整数，即游标"0"刻度线左边的尺身刻度数是 10mm。

第二步：读出游标上的小数部分，找出与尺身刻度对齐的游标刻度，再乘以 0.02 即为小数值，图 2-2-6 所示值为 0.36mm。

第三步：得出测量结果（整数＋小数），即 10.36mm。

活动二　使用游标卡尺测量活塞杆

使用游标卡尺测量活塞杆零件的 5 个指定尺寸并标注，如图 2-2-7 所示。

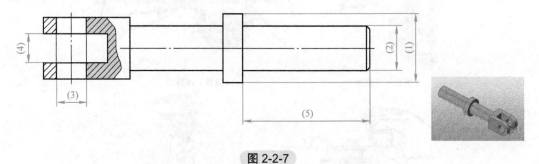

图 2-2-7

1. 使用游标卡尺测量图 2-2-7 中标号为（1）、（2）的工件外径尺寸（图 2-2-8）

图 2-2-8

2. 使用游标卡尺测量图 2-2-7 中标号为（3）的工件内孔尺寸（图 2-2-9）

3. 使用游标卡尺测量图 2-2-7 中标号为（4）的工件槽宽尺寸（图 2-2-10）

图 2-2-9

图 2-2-10

4. 使用游标卡尺测量图 2-2-7 中标号为（5）的工件线性尺寸（图 2-2-11）

5. 使用游标卡尺测量工件尺寸的注意事项

1）测量前将游标卡尺擦拭干净，检查量爪贴合后尺身与游标的零刻度线是否对齐。

2）测量时，内外量爪应张开到略大于被测工件尺寸，先将尺框贴靠在工件测量基准面上，然后轻轻移动游标，使内外量爪靠在工件表面上。

图 2-2-11

3）在测量时，量爪与工件测量面接触要正确勿歪斜，如图 2-2-12 所示。

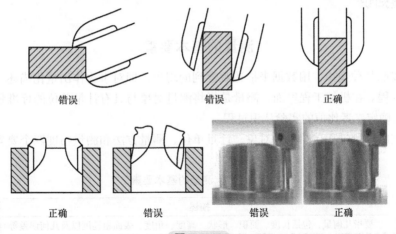

错误　　　　错误　　　　正确

正确　　　　错误　　　　错误　　　　正确

图 2-2-12

4）在游标卡尺上读数时，要正视游标卡尺，避免产生视线误差。

5）测量时不可将被测工件放入量爪凹槽内，如图 2-2-13 所示。

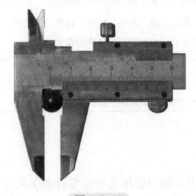

图 2-2-13

考核评价

任务评价表

班级_____　　　　　　　　　　　　　　小组号_____

姓名_____　　　　　　　　　　　　　　学　号_____

项目	自我评价			小组评价			教师评价		
	10 ~ 9	8 ~ 6	5 ~ 1	10 ~ 9	8 ~ 6	5 ~ 1	10 ~ 9	8 ~ 6	5 ~ 1
	占总评 10%			占总评 30%			占总评 60%		
测量器具的选用									
测量器具的校准									
测量器具的使用									
测量器具的读数									
协作精神									
纪律观念									
职业素养									
小计									
总评									

 拓展知识

测量的基本要素

测量是按照某种规律，用数据来描述观察到的现象，即对事物作出量化描述，是对非量化实物的量化过程。在机械工程里面，测量是指将测量对象与具有计量单位的标准量在数值上进行比较，从而确定二者比值的实验认识过程。

一个完整的测量过程包括测量对象、计量单位、测量方法和测量精度四个要素，详细内容见表 2-2-2。

表 2-2-2　测量的基本要素

基本要素	描述	举例
测量对象	主要指几何量，包括长度、面积、形状、高度、角度、表面粗糙度以及几何误差等	工件的高度
计量单位	1984 年 2 月 27 日正式公布中华人民共和国法定计量单位，确定米制为我国的基本计量制度。在长度计量中单位为米（m），其他常用单位有毫米（mm）和微米（μm）。在角度测量中以度（°）、分（′）、秒（″）为单位	mm
测量方法	指在进行测量时所用的按类叙述的一组操作逻辑次序。对几何量的测量而言，则是根据被测参数的特点，如公差值、大小、轻重、材质、数量等，分析研究该参数与其他参数的关系，最后确定对该参数进行测量的操作方法	游标卡尺，直接测量
测量精度	指测量结果与真值的一致程度。由于任何测量过程总不可避免地会出现测量误差，误差大说明测量结果离真值远，准确度低。因此，准确度和误差是两个相对的概念。由于存在测量误差，任何测量结果都用近似值来表示	± 0.02mm

 课后练习

请结合所学知识，用游标卡尺测量缸体支撑座零件相关尺寸，标注零件图 2-2-14 中指定的 5 个空白尺寸。

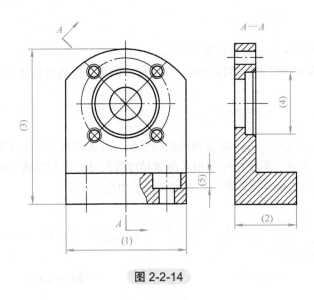

图 2-2-14

任务 2-3　使用深度卡尺

任务描述

　　深度卡尺用于测量凹槽或孔的深度、梯形工件的梯层高度、长度等尺寸，简称为"深度尺"。正确使用深度尺测量和读数是学生必备的基本功之一。本节任务就是学习使用深度尺测量零件相关尺寸。深度尺如图 2-3-1 所示。

深度卡尺的使用

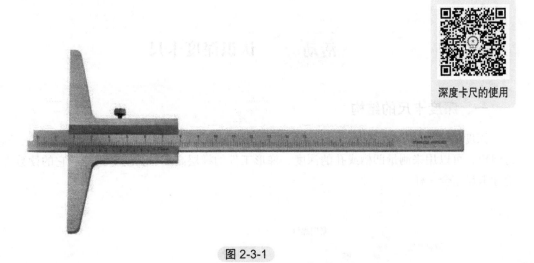

图 2-3-1

　知识目标

● 了解深度卡尺的结构和用途
● 掌握深度卡尺的使用方法和测量步骤

能力目标

- 会根据零件实际情况正确选用测量工具
- 能正确使用深度卡尺进行零件深度、高度尺寸测量，提高测量能力

相关知识

利用游标和尺身相互配合进行测量和读数的器具，称为游标类量具（图 2-3-2），其经常用来测量零件的尺寸、角度、形状精度和相互位置精度等尺寸。它们结构简单，使用方便，测量精度适中，测量范围大，维护保养容易，在机械加工中应用广泛。

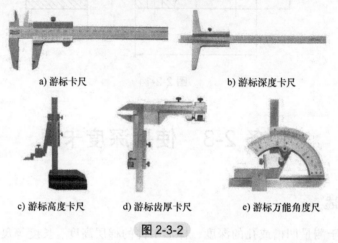

a) 游标卡尺　　b) 游标深度卡尺

c) 游标高度卡尺　　d) 游标齿厚卡尺　　e) 游标万能角度尺

图 2-3-2

任务实施

活动一　认识深度卡尺

一、深度卡尺的结构

深度卡尺如图 2-3-3 所示，由尺身、带游标的测量基座（由尺框和两个量爪组成）、紧固螺钉组成，可以用来测量凹槽或孔的深度、梯形工件的梯层高度、长度等尺寸。它的读数方法和游标卡尺完全一样。

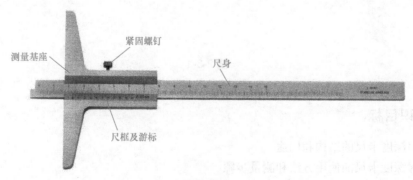

紧固螺钉　测量基座　尺身　尺框及游标

图 2-3-3

二、深度卡尺的种类及特点

深度卡尺按读数方式可分为游标深度卡尺、带表深度卡尺和电子数显深度卡尺三大类，它们的结构及特点见表 2-3-1。

表 2-3-1　深度卡尺的种类及特点

类型	结构	特点
游标深度卡尺		用游标读数的通用量尺，价格便宜，维护方便
带表深度卡尺		结合指示表读数，比普通游标卡尺读数更为快捷准确。它是运用齿条传动齿轮带动指针显示数值
电子数显深度卡尺		具有读数直观、使用方便、功能多样的特点。电子数显深度卡尺主要由尺身、传感器、控制运算部分和数字显示部分组成

三、深度卡尺的使用方法

深度卡尺的两个测量面分别是基座的端面和尺身的端面。例如测量内孔深度时应把基座的端面紧靠在被测孔的端面上，使尺身与被测孔的中心线平行，伸入尺身，则尺身端面至基座端面之间的距离，就是被测零件的深度尺寸。具体操作方法如下：

1）测试前用软布将测量端面擦拭干净，查看尺框和主尺身的零刻度线是否对齐。若未对齐，应根据原始误差修正测量读数。

2）测量时先将尺框的测量面贴合在工件被测深部的顶面上，注意不得倾斜，然后将尺身推上去直至尺身测量面与被测深部手感接触，然后锁紧紧固螺钉。

3）以尺框零刻度线为基准在尺身上读取毫米整数，再读出尺寸 L，L= 毫米整数部分 $+n \times$ 分度值。

活动二　使用深度卡尺测量箱体

使用深度卡尺测量箱体零件的 3 个指定尺寸并标注，如图 2-3-4 所示。

1. 使用深度卡尺测量图 2-3-4 中标号为（1）的工件内腔深度尺寸（图 2-3-5）
2. 使用深度卡尺测量图 2-3-4 中标号为（2）的工件内腔深度尺寸（图 2-3-6）
3. 使用深度卡尺测量图 2-3-4 中标号为（3）的工件凸台高度尺寸（图 2-3-7）

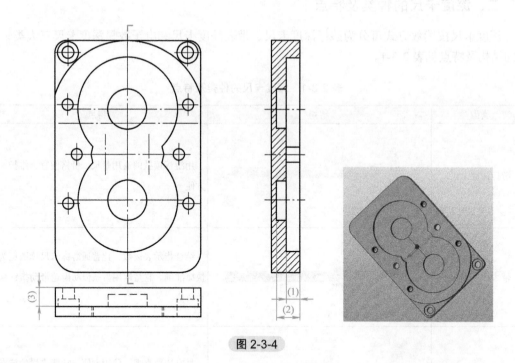

图 2-3-4

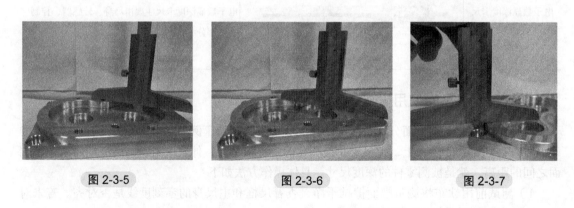

图 2-3-5　　　　　　图 2-3-6　　　　　　图 2-3-7

4. 使用深度卡尺测量工件尺寸的注意事项

1）测量前，应将被测量表面擦拭干净，以免灰尘、杂质磨损量具。

2）卡尺的测量基座和尺身端面应垂直于被测表面并贴合紧密，不得歪斜，否则会造成测量误差。

3）应在足够的亮度下读数，两眼的视线与卡尺的刻线表面垂直，以减小读数误差。

4）在机床上测量零件时，要等零件完全停稳后进行，否则不但使量具的测量面过早磨损而失去精度，且会造成事故。

5）测量沟槽深度或当其他基准面是曲线时，测量基座的端面必须放在曲线的最高点上，测量出的深度尺寸才是工件的实际尺寸，否则会出现测量误差。

6）用游标深度卡尺测量零件时，不允许过分施加压力，所用压力应使测量基座刚好接触零件基准表面，尺身刚好接触测量平面。如果测量压力过大，不但会使尺身弯曲或基座磨损，还使测量得的尺寸不准确。

考核评价

任务评价表

班级＿＿＿＿＿＿＿＿　　　　　　　　小组号＿＿＿＿＿＿＿＿

姓名＿＿＿＿＿＿＿＿　　　　　　　　学　号＿＿＿＿＿＿＿＿

项目	自我评价			小组评价			教师评价		
	10～9	8～6	5～1	10～9	8～6	5～1	10～9	8～6	5～1
	占总评 10%			占总评 30%			占总评 60%		
测量器具的选用									
测量器具的校准									
测量器具的使用									
测量器具的读数									
协作精神									
纪律观念									
职业素养									
小计									
总评									

 拓展知识

测量器具的主要技术指标

测量器具是量具、量规、量仪和其他用于测量目的的测量装置的总称。计量器具的基本技术性能指标是合理选择和使用计量器具的重要依据。其中的主要指标如下。

1. 标尺刻度间距

标尺刻度间距是指计量器具标尺或度盘上相邻两刻线中心之间的距离或圆弧长度。为适于人眼观察，刻度间距一般为 1～2.5mm。

2. 标尺分度值

标尺分度值是指计量器具标尺或分度盘上每一刻度间距所代表的量值。一般长度计量器具的分度值有 0.1mm、0.05mm、0.02mm、0.01mm、0.005mm、0.002mm、0.001mm 等几种。一般来说，分度值越小，则计量器具的精度越高。

3. 分辨力

分辨力是指计量器具所能显示的最末一位数所代表的量值。由于在一些量仪（如数字式量仪）中，其读数采用非标尺或非分度盘显示，因此就不能使用分度值这一概念，而将其称作分辨力。例如，国产 JC19 型数显式万能工具显微镜的分辨力为 0.5μm。

4. 标尺示值范围

标尺示值范围是指计量器具所能显示或指示的被测几何量起始值到终止值的范围。

5. 计量器县测量范围

计量器具测量范围是指计量器具在允许的误差限内所能测出的被测几何量量值的下限值到上限值的范围。测量范围上限值与下限值之差称为量程。

6. 灵敏度

灵敏度是指计量器具对被测几何量变化的响应能力。一般来说，分度值越小，计量器具的灵敏度越高。

7. 示值误差

示值误差是指计量器具上的示值与被测几何量的真值的代数差。一般来说，示值误差越小，计量器具的精度越高。

8. 修正值

修正值是指为了消除或减少系统误差，用代数法加到未修正测量结果上的数值。其大小与示值误差的绝对值相等，而符号相反。

9. 测量重复性

测量重复性是指在相同的测量条件下，对同一被测几何量进行多次测量时，各测量结果之间的一致性。通常，以测量重复性误差的极限值（正、负偏差）来表示。

10. 不确定度

不确定度是指由于测量误差的存在而对被测几何量量值不能肯定的程度。

 课后练习

请结合所学知识，用游标深度卡尺测量缸体零件相关尺寸，标注零件图中指定的 3 个空白尺寸，如图 2-3-8 所示。

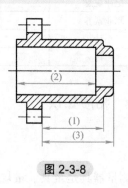

图 2-3-8

任务 2-4　使用内、外径千分尺

任务描述

千分尺是比游标卡尺更精密的长度测量仪器，正确使用千分尺测量零件尺寸是学生必备的基本功。本节任务就是学习使用内、外径千分尺测量零件尺寸。外径千分尺和内径千分尺结构如图 2-4-1 所示。

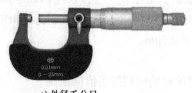
a) 外径千分尺

b) 内径千分尺

内、外径千分尺

图 2-4-1

 知识目标

● 了解内、外径千分尺的结构和类型

- 掌握内、外径千分尺的性能参数、读数方法
- 掌握内、外径千分尺的使用方法和测量步骤

能力目标

- 会根据零件实际情况选用内、外径千分尺的量程
- 学会正确使用内、外径千分尺测量零件内、外径等尺寸，提高测量能力

相关知识

千分尺是利用螺旋运动的原理进行测量和读数的一种测量工具，是比游标量具更精密的长度测量仪器，分度值有 0.01mm、0.02mm、0.05mm 几种，加上估读的 1 位，可读取到小数点后第 3 位（千分位），故称千分尺。

任务实施

活动一　认识千分尺

一、外径千分尺的结构（图 2-4-2）

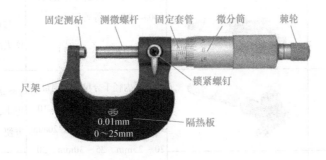

图 2-4-2

二、内径千分尺的结构（图 2-4-3）

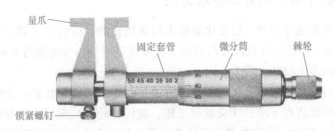

图 2-4-3

三、内外径千分尺的种类及规格特点

内外径千分尺按读数方式可分为普通千分尺、带表千分尺和电子数显千分尺三大类，内径千分尺根据测量时与被测对象的接触点数可分为两点式和三点式。千分尺的种类及结构特点见表 2-4-1。

表 2-4-1　千分尺的种类及结构特点

类别	类型	结构	规格	特点
外径千分尺	普通		常用规格有 0～25mm、25～50mm、50～75mm、75～100mm、100～125mm 等若干种	测量精度高，使用方便，主要用于测量中等精度的零件尺寸
	带表			结合指示表读数，比普通千分尺读数更为快捷准确
	电子数显			与普通外径千分尺相比精度更高，读数更直观
内径千分尺	两点式（普通）		常用规格有 5～25mm、25～50mm、50～75mm、75～100mm、100～125mm 等若干种	测量精度高，使用方便，主要用于测量中等精度的零件尺寸
	两点式（数显）			与普通内径千分尺相比精度更高，读数更直观
	三点式（普通）		三爪内径千分尺常用测量范围：6～8mm、8～10mm、10～12mm、12～16mm、16～20mm、20～25mm、25～30mm、30～40mm、40～50mm、50～63mm、62～75mm、75～88mm、87～100mm	三点式比两点式测量误差更小，接触更稳定，使用更方便
	三点式（数显）			与普通三点式内径千分尺相比精度更高，读数更直观

四、内、外径千分尺的零位校准方法

外径千分尺常简称为千分尺，它是比游标卡尺更精密的长度测量仪器，可以测量工件的各种外形尺寸，如长度、厚度、外径以及凸肩厚、板厚或壁厚等，分度值为 0.01mm。

1. 外径千分尺的零位校准（图 2-4-4）

在使用千分尺时先要校准千分尺的零位，方法是：①松开锁紧装置；②清除油污；③测砧与测微螺杆间接触面要清理干净；④夹紧标准棒，旋转棘轮，当螺杆刚好与测砧接触时会听到"咔咔"声，这时停止转动；⑤检查微分筒的端面是否与固定套管上的零刻度线重合（两零线重合的标志是：微分筒的端面与固定刻度的零线重合，且可动刻度的零线与固定刻度的水平横线

重合）；⑥松开固定套管上的小螺钉，用专用扳手调节套管的位置，使两零线对齐，再把小螺钉拧紧。

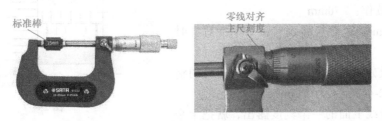

图 2-4-4

2. 内径千分尺的零位校准（图 2-4-5）

内径千分尺零位校准的方法是：①松开锁紧装置；②清除油污；③量爪接触面要清理干净；④把量爪塞进校对环规，旋转测力装置，当量爪刚好与校对环规接触时会听到"咔咔"声，这时停止转动；⑤检查微分筒的端面是否与固定套管上的零刻度线重合（两零线重合的标志是：微分筒的端面与固定刻度的零线重合，且可动刻度的零线与固定刻度的水平横线重合）；⑥松开固定套管上的小螺钉，用专用扳手调节套管的位置，使两零线对齐，再把小螺钉拧紧。

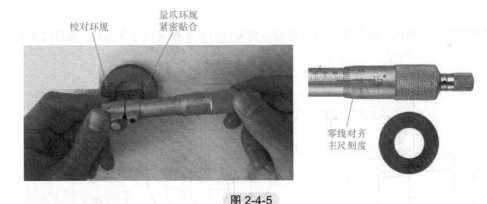

图 2-4-5

五、千分尺的读数方法

千分尺的读数机构由固定套管（主刻度尺、基准线）和微分筒（副刻度）两部分组成。主刻度尺有整毫米（1.00mm）和半毫米（0.5mm）两种刻度，整毫米刻度标在基准线的上面（某些品牌标在下面），每隔 5 个刻度用 30、25、20 等数字标记；半毫米的刻度标在基准线的下面。微分筒的圆周上标有 50 个刻度，每个刻度表示百分之一毫米（0.01mm），所以微分筒转一整圈表示 50 × 0.01mm，即 0.50mm，因此，微分筒转一整圈，它就沿着主刻度尺运动 0.50mm，也就是半毫米的刻度，如图 2-4-6 所示。

1. 主刻度尺整毫米刻度：22.00mm

2. 主刻度尺半毫米刻度：0.50mm

3. 微分筒刻度：+0.045mm

4. 测量值读作：22.545mm

注：0.045mm 的最后一位数为估读数。

现以图 2-4-7 为例来说明千分尺的读数方法。

1. 主刻度尺整毫米刻度：5.00mm

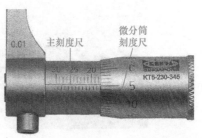

图 2-4-6

2. 主刻度尺半毫米刻度：0.50mm

3. 微分筒刻度：+0.20mm

4. 测量值读作：5.70mm

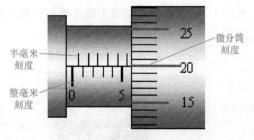

图 2-4-7

注：0.20mm 是套筒基准线与微分刻度对齐时的读数。

1）先读微分筒左边的主刻度尺上看得见的整毫米刻度，图 2-4-7 所示为 5.00mm。

2）若基准线上面的一个刻度露出，就把半毫米刻度加上；如果未露出，则不加，图 2-4-7 所示主刻度尺的读数为 5.00mm+0.50mm= 5.50mm。

3）读出微分筒上与固定套管的基准线对齐的那条刻度线数值，即为不足半毫米的测量值，图 2-4-7 所示为 20×0.01mm=0.20mm；当微分筒上的刻度线未与基准线对齐时，应加上估计值。

4）把以上 3 个读数加起来即为测得的实际尺寸数值，如图 2-4-7 所示的测量值应为 5.70mm。

活动二　使用千分尺测量偏心套

选用量程合适的内、外径千分尺测量偏心套零件的 6 个指定尺寸并标注，如图 2-4-8 所示。

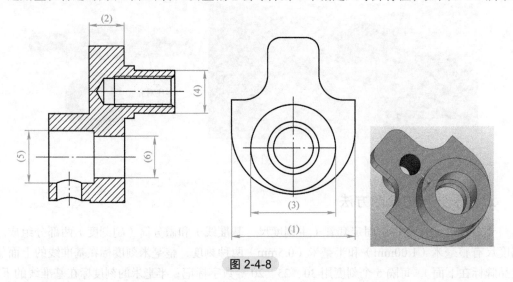

图 2-4-8

1. 选用量程为 0 ~ 25mm 的外径千分尺测量图 2-4-8 中标号为（1）、（2）的工件线性尺寸（图 2-4-9）

图 2-4-9

2. 选用量程为 25 ~ 50mm 的外径千分尺测量图 2-4-8 中标号为（3）、（4）的工件尺寸（图 2-4-10）

3. 选用量程为 0 ~ 30mm 的内径千分尺测量图 2-4-8 中标号为（5）、（6）的工件内孔尺寸（图 2-4-11）

图 2-4-10　　　　　　　　　　　图 2-4-11

4. 使用千分尺测量工件尺寸的注意事项

1）测量前，要擦干净千分尺的测量面和工件的被测表面，避免产生误差。

2）测量时，当两个测量面将要接触被测表面时，停止旋转微分筒，只旋转测力装置的转帽，等棘轮发出"咔咔"响声后，再进行读数。

3）调节距离较大时，应该旋转微分筒，而不应旋转测力装置的转帽。只有当测量面快接触被测表面时才用测力装置。这样，既节约调节时间，又防止棘轮过早磨损。

4）不允许猛力转动测力装置，否则测量面靠惯性冲向被测件，测力要急剧增大，测量结果会不准确，而且测微螺杆也容易被咬住损伤。

5）退尺时，应旋转微分筒，不要旋转测力装置，以防拧松测力装置，影响零位。

6）必须准确地把被测零部件的测量处夹在测量面内，如图 2-4-12 所示。

  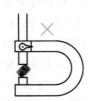 

图 2-4-12

7）不允许测量带有研磨剂的表面、粗糙表面和带毛刺的边缘表面等。

8）测量时，最好在被测件上直接读出数值，然后退回测微螺杆，取下千分尺，这样可减少测量面的磨损。如果必须取下千分尺读数时，先用锁紧装置把测微螺杆锁住，再轻轻滑出千分尺。

9）不允许测量运转着的零部件。

5. 千分尺的维护保养

除应遵守测量器具维护保养的一般事项外，还要注意以下几点：

1）千分尺用完后要小心轻放，不要摔碰。如果万一受到撞击，应立即进行检查，并调整精度，必要时应送计量部门检修。

2）不允许用砂纸和金刚砂擦测微螺杆上的污锈。

3）不能在千分尺的微分筒和固定套管之间加酒精、煤油、柴油、凡士林及普通机油，不允许把千分尺浸泡在上述油类或切削液里。如发现千分尺被上述液体浸入，要用汽油洗净，加上特种轻质润滑油。

考核评价

任务评价表

班级_____　　　　　　　　　　　　　　　　小组号_____

姓名_____　　　　　　　　　　　　　　　　学　号_____

项目	自我评价			小组评价			教师评价		
	10 ~ 9	8 ~ 6	5 ~ 1	10 ~ 9	8 ~ 6	5 ~ 1	10 ~ 9	8 ~ 6	5 ~ 1
	占总评 10%			占总评 30%			占总评 60%		
测量器具的选用									
测量器具的校准									
测量器具的使用									
测量器具的读数									
协作精神									
纪律观念									
职业素养									
小计									
总评									

拓展知识

测量方法的分类

在测量中，测量方法是根据测量对象的特点来选择和确定的，其特点主要是指测量对象的尺寸大小、精度要求、形状特点、材料性质以及数量等。主要可分为以下几种：

1）依据获得被测结果的方法不同，测量方法可分为直接测量和间接测量。

① 直接测量。测量时，可直接从测量器具上读出被测几何量的值。例如，用千分尺、卡尺测量轴径，就能直接从千分尺、卡尺上读出轴的直径尺寸。

② 间接测量。被测几何量无法直接测量时，首先测出与被测几何量有关的其他几何量，然后通过一定的数学关系式进行计算来求得被测几何量的值。

通常为了减小测量误差，都采用直接测量，而且直接测量也比较简单直观。但是，间接测量虽然比较烦琐，当被测几何量不易测量或用直接测量的方法达不到精度要求时，就不得不采用间接测量了。

2）根据被测结果读数值的不同（即读数值是否直接表示被测尺寸），测量方法可分为绝对测量和相对测量。

① 绝对测量（全值测量）。测量器具的读数值直接表示被测尺寸。例如，用千分尺测量零件尺寸时可直接读出被测尺寸的数值。

② 相对测量（微差或比较测量）。测量器具的读数值表示被测尺寸相对于标准量的微差值或偏差。该测量方法有一个特点，即在测量之前必须首先用量块或其他标准量具将测量器具调零。例如：用杠杆齿轮比较仪或立式光学比较仪测量零件的长度，必须先用量块调整好仪器的零位，然后进行测量，测得值是被测零件的长度与量块尺寸的微差值。

一般来说，相对测量的测量精度比绝对测量的高，但测量较为麻烦。

3）根据零件的被测表面是否与测量器具的测量头有机械接触，测量方法可分为接触测量和非接触测量。

① 接触测量。测量器具的测量头与零件被测表面以机械测量力接触。例如，用千分尺测量零件、百分表测量轴的圆跳动等。

② 非接触测量。测量器具的测量头与被测表面不接触，不存在机械测量力。例如，用投影法（如万能工具显微镜、大型工具显微镜等）测量零件尺寸、用气动量仪测量孔径等。

接触测量由于存在测量力，会使零件被测表面产生变形，引起测量误差，使测量头磨损以及划伤被测表面等，但是对被测表面的油污等不敏感；非接触测量由于不存在测量力，被测表面也不会引起变形误差，因此，特别适合薄结构易变形零件的测量。

4）根据同时测量参数的多少，测量方法可分为单项测量和综合测量。

① 单项测量。单独测量零件的每一个参数。例如，用工具显微镜测量螺纹时可分别单独测量出螺纹的中径、螺距、牙型半角等。

② 综合测量。测量零件两个或两个以上相关参数的综合效应或综合指标。例如，用螺纹塞规或环规检验螺纹的作用中径。

综合测量一般效率较高，对保证零件的互换性更为可靠，适用于只要求判断工件是否合格的场合。单项测量能分别确定每个参数的误差，一般用于分析加工过程中产生废品的原因等。

5）根据被测量或敏感元件（测量头）在测量中相对状态的不同，测量方法可分为静态测量和动态测量。

① 静态测量。测量时，被测表面与敏感元件处于相对静止状态。

② 动态测量。测量时，被测表面与敏感元件处于（或模拟）工作过程中的相对运动状态。

动态测量的效率高，并能测出工件上一些参数连续变化的情况，常用于目前大量使用的数控机床（如数控车床、数控铣床、数控加工中心等设备）的测量装置。由此可见，动态测量是测量技术的发展方向之一。

6）根据测量对机械制造工艺过程所起的作用不同，测量方法可分为被动测量和主动测量。

① 被动测量。在零件加工后进行的测量。这种测量只能判断零件是否合格，其测量结果主要用来发现并剔除废品。

② 主动测量。在零件加工过程中进行的测量。这种测量可直接控制零件的加工过程，及时防止废品的产生。

 课后练习

请结合所学知识，选用内、外径千分尺测量活塞杆零件相关尺寸，标注零件图中指定的 5 个空白尺寸，如图 2-4-13 所示。

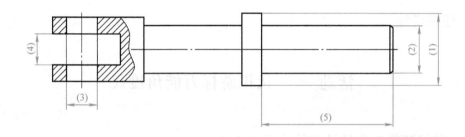

图 2-4-13

任务 2-5　使用游标万能角度尺

 任务描述

　　游标万能角度尺是直接测量零件角度或进行划线的一种角度量具。游标万能角度尺适用于测量零件中的内、外角度，可测量 0°~320° 外角及 40°~130° 内角。正确使用游标万能角度尺测量和读数是学生必备的基本功之一。本节任务就是学习使用游标万能角度尺测量零件角度。游标万能角度尺如图 2-5-1 所示。

游标万能角度尺

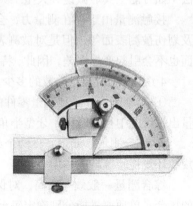

图 2-5-1

 知识目标

- 了解游标万能角度尺的结构和用途
- 掌握游标万能角度尺的性能参数、读数方法
- 掌握游标万能角度尺的使用方法和测量步骤

 能力目标

- 会根据零件实际情况选用角度测量工具
- 学会正确使用游标万能角度尺进行零件轮廓的角度测量

 相关知识

　　游标万能角度尺属于游标类量具，其主尺刻线每格为 1°。游标的刻线是取主尺的 29° 等分为 30 格，因此游标刻线每格为 29°/30，即主尺与游标一格的差值为 2′，也就是说游标万能角度尺分度值为 2′。除此之外，还有 5′ 和 10′ 两种精度。

 任务实施

活动一　认识游标万能角度尺

一、游标万能角度尺的结构（图 2-5-2）

　　游标万能角度尺由主尺、直角尺、游标尺、锁紧装置、基尺、直尺、扇形板、卡块等组成。

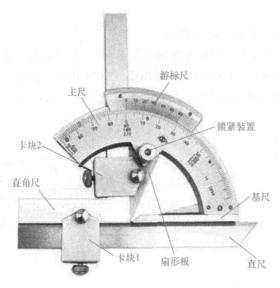

图 2-5-2

二、万能角度尺的种类及特点

万能角度尺有简易型、游标型和数显等类型，它们的结构及特点见表 2-5-1。

表 2-5-1　万能角度尺的种类及特点

类型	结构	特点
简易量角器		使用方便，价格低廉，测量精度低
游标万能角度尺		测量精度高，操作相对复杂，性价比高
数显万能角度尺		读数直观，使用方便，精度更高，但价格也高

三、游标万能角度尺的读数方法

游标万能角度尺的读数方法和游标卡尺相似，先读出游标零线前的角度值，再从游标上读出角度"分"的数值，两者相加就是被测零件的角度数值。

游标万能角度尺的读数方法可分三步：

1）先读"度"的数值。看游标零线左边，主尺上最靠近一条刻线的数值，读出被测角"度"的整数部分，图 2-5-3 所示被测角"度"的整数部分为 9°。

2）再从游标上读出"分"的数值。看游标上哪条刻线与主尺相应刻线对齐，可以从游标上直接读出被测角"度"的小数部分，即"分"的数值。图 2-5-3 所示游标的第 8 条刻线与主尺刻线对齐，故小数部分为 16′。

3）被测角度等于上述两次读数之和，即 9° + 16′ = 9°16′。

4）主尺上基本角度的刻线只有 90 个分度，如果被测角度大于 90°，在读数时，应加上一基数（90，180，270），即当被测角度为 90° ~ 180° 时，被测角度 = 90°+ 角度尺读数。当被测角度为 180° ~ 270° 时，被测角度 = 180°+ 角度尺读数。当被测角度为 270° ~ 320° 时，被测角度 = 270° + 角度尺读数。

读数示例：读出图 2-5-3 所示的角度值。

1. 读出主尺游标零线前角度（度）：9°

2. 读出游标角度（分）：16′

3. 则如图所示角度值可能是：

a. 9°16′

b. 99°16′（ +90°）

c. 189°16′（ +180°）

d. 279°16′（ +270°）

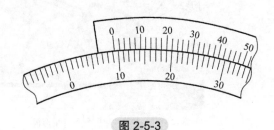

图 2-5-3

四、游标万能角度尺的使用操作方法

测量时，根据产品被测部位的情况，先调整好直角尺的位置，用卡块上的螺钉把它们紧固住，再来调整基尺测量面与其他有关测量面之间的夹角。这时，要先松开制动头上的螺母，移动主尺作粗调整，然后再转动扇形板背面的微动装置作细调整，直到两个测量面与被测表面密切贴合为止。然后拧紧锁紧装置上的螺母，把直角尺取下来进行读数。

在游标万能角度尺上，基尺固定在尺座上，直角尺用卡块固定在扇形板上，可移动尺用卡块固定在直角尺上。若把直角尺拆下，也可把直角尺固定在扇形板上。由于直角尺和直尺可以移动和拆换，使游标万能角度尺可以测量 0° ~ 320° 的任何角度。

1. 测量 0° ~ 50° 之间的角度（图 2-5-4）

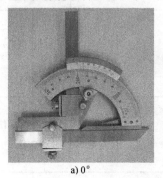

a) 0°　　　　　　　　　b) 50°

图 2-5-4

直角尺和直尺全都装上，产品的被测部位放在基尺和直尺的测量面之间进行测量。

2. 测量 50° ~ 140° 之间的角度（图 2-5-5）

可把直角尺卸掉，把直尺装上去，使它与扇形板连在一起。工件的被测部位放在基尺和直尺的测量面之间进行测量。也可以不拆下直角尺，只把直尺和卡块卸掉，再把直角尺拉到下边来，直到直角尺短边与长边的交线和基尺的尖棱对齐为止。把工件的被测部位放在基尺和直角尺短边的测量面之间进行测量。

3. 测量 140° ~ 230° 之间的角度（图 2-5-6）

把直尺和卡块卸掉，只装直角尺，但要把直角尺推上去，直到直角尺短边与长边的交线和基尺的尖棱对齐为止。把工件的被测部位放在基尺和直角尺短边的测量面之间进行测量。

a) 50°　　　　　　　b) 140°

图 2-5-5

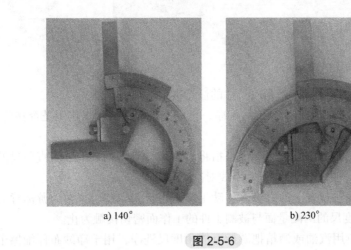

a) 140°　　　　　　　b) 230°

图 2-5-6

4. 测量 230°~320° 之间的角度（图 2-5-7）

把直角尺、直尺和卡块全部卸掉，只留下扇形板和主尺（带基尺）。把产品的被测部位放在基尺和扇形板测量面之间进行测量。

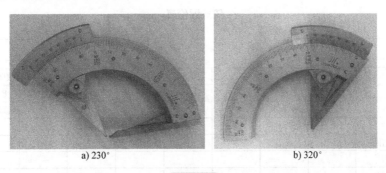

a) 230°　　　　　　　b) 320°

图 2-5-7

用游标万能角度尺测量零件角度时，应使基尺与零件角度的素线方向一致，且零件应与角度尺的两个测量面在全长上接触良好，以免产生测量误差。

活动二 使用游标万能角度尺测量齿轮

使用游标万能角度尺测量齿轮零件的两个指定角度尺寸并标注，如图 2-5-8 所示。

1. 使用游标万能角度尺测量图 2-5-8 中标号为（1）、（2）的角度尺寸（图 2-5-9）

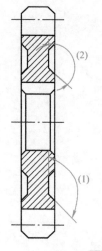

图 2-5-8   图 2-5-9

2. 使用游标万能角度尺测量工件角度尺寸的注意事项

1）使用前，先将游标万能角度尺擦拭干净，再检查各部件的相互作用是否移动平稳可靠、止动后的读数是否不动。

2）校准零位。游标万能角度尺的零位是指将直角尺与直尺均装上，当直角尺的底边及基尺与直尺无间隙接触时，主尺与游标的"0"线对准。

3）测量时，放松锁紧装置上的螺母，移动主尺座进行粗调整，再转动游标背面的手把进行精细调整，直到使角度尺的两测量面与被测工件的工作面密切接触为止。

4）测量完毕后，应用汽油或酒精把游标万能角度尺洗净，用干净纱布仔细擦干，涂以防锈油，然后装入匣内。

 考核评价

任务评价表

班级_____   小组号_____

姓名_____   学　号_____

项目	自我评价			小组评价			教师评价		
	10 ~ 9	8 ~ 6	5 ~ 1	10 ~ 9	8 ~ 6	5 ~ 1	10 ~ 9	8 ~ 6	5 ~ 1
	占总评 10%			占总评 30%			占总评 60%		
测量器具的选用									
测量器具的校准									
测量器具的使用									
测量器具的读数									
协作精神									
纪律观念									
职业素养									
小计									
总评									

 拓展知识

测量误差的基本概念

从长度测量的实践中可知，当测量某一量值时，用一台仪器按同一测量方法由同一测量者进行若干次测量，所获得的结果是不同的。若用不同的仪器、不同的测量方法、由不同的测量者来测量同一量值，则这种差别将会更加明显，这是由于一系列不可控制的和不可避免的主观因素或客观因素造成的。所以，对于任何一次测量，无论测量者多么仔细，所使用的仪器多么精密，采用的测量方法多么可靠，在测得结果中，都不可避免地会有一定的误差。也就是说，所得到的测量结果，仅仅是被测量的近似值。被测量的实际测得值与被测量的真值之间的差异，叫作测量误差。即

$$\delta = x - x_0$$

式中　δ——测量误差；

　　　x——被测量的实际测得值；

　　　x_0——被测量的真值。

测量误差分为绝对误差和相对误差。其中，上式所表示的测量误差叫作测量的绝对误差，用来判定相同被测几何量的测量精确度。由于 x 可能大于、等于或小于 x_0，因此，δ 可能是正值、零或负值。这样，上式可写为 $x_0 = x \pm \delta$，这个公式说明：测量误差 δ 的大小决定了测量的精确度，δ 越大，则精确度越低；δ 越小，则精确度越高。

另外，对于不同大小的同类几何量，要比较测量精确度的高低，一般采用相对误差的概念进行比较。相对误差是指绝对误差 δ 和被测量的真值 x_0 的比值。常用被测量的实际测得值代替真值，即

$$f = \frac{\delta}{x}\left(\approx \frac{\delta}{x_0}\right)$$

式中　f——相对误差。

由上式可以看出，相对误差 f 是一个没有单位的数值，一般用百分数（%）来表示。

 课后练习

请结合所学知识，用游标万能角度尺测量转销零件角度尺寸，标注零件图中指定的 1 个空白尺寸，如图 2-5-10 所示。

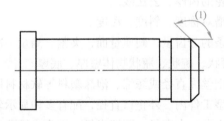

图 2-5-10

任务 2-6　使用中心距卡尺

任务描述

　　中心距卡尺用于测量同一平面和偏置平面上的中心到中心的距离，也可用于测量边缘到中心的距离。它的读数方法和游标卡尺完全一样。正确使用中心距卡尺测量中心距可以提高测绘效率。本节任务就是学习使用中心距卡尺测量零件尺寸。中心距卡尺如图 2-6-1 所示。

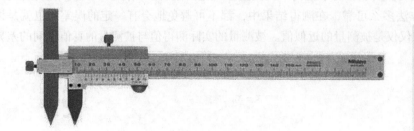

中心距卡尺

图 2-6-1

知识目标

- 了解中心距卡尺的结构和类型
- 掌握中心距卡尺的读数方法和测量步骤

能力目标

- 会根据零件实际情况选用测量工具
- 能正确使用中心距卡尺测量零件的孔中心距，提高测量能力

相关知识

　　专用型卡尺除了中心距卡尺（用来测量两孔中心距离或孔中心与边缘的距离）之外，还有下列一些专用的卡尺，分别是：

（1）沟槽卡尺　测量孔内沟槽直径、宽度、位置。

（2）异形量爪卡尺　测量加长爪、尖爪、薄爪、斜爪、针爪、柱爪、长短爪、伸缩爪、转动爪。

（3）螺纹中径卡尺　测量内、外螺纹中径。

（4）齿轮卡尺　测量齿轮的齿厚、公法线。

（5）键槽卡尺　测量键槽对称度、斜度、深度。

（6）锯条卡尺　测量锯条的分齿量，硬质量面，夹紧、测量一次完成，准确、高效。

（7）管壁厚卡尺　测量管状、碗状、瓶状物体壁厚、底厚。

（8）宽量面卡尺　测量钢丝绳直径或海绵、泡沫塑料等软材料厚度。

（9）止口卡尺　测量大型工件内、外止口直径，配有多种显示装置，精确、高效。

　　另外，还有测量深孔、小孔、大直径、圆缺半径、锥头或锥孔直径等专用型数显卡尺。

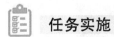

任务实施

活动一 **认识中心距卡尺**

一、中心距卡尺结构（图 2-6-2）

中心距卡尺由尺身、尺框、游标、量爪、夹持框、紧固螺钉等部分组成，如图 2-6-2 所示。

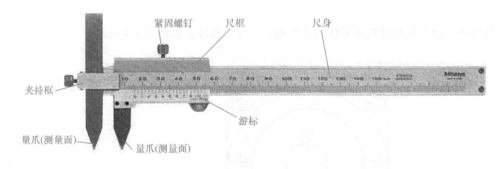

图 2-6-2

二、中心距卡尺的种类及特点

中心距卡尺按显示方式可分为普通游标中心距卡尺和电子数显游标中心距卡尺两种，它们的结构及特点见表 2-6-1。

表 2-6-1　游标中心距卡尺的种类及特点

类型	结构	特点
普通游标中心距卡尺		用游标读数，维护简单，性价比高
电子数显游标中心距卡尺		读数直观、使用方便、价格较高

三、中心距卡尺的用途（图 2-6-3）

中心距卡尺常用来测量同一平面和偏置平面上的中心到中心的距离，也可用于测量边缘到中心的距离。

图 2-6-3

活动二 使用中心距卡尺测量箱体

使用中心距卡尺测量箱体零件的 3 个指定尺寸并标注，如图 2-6-4 所示。

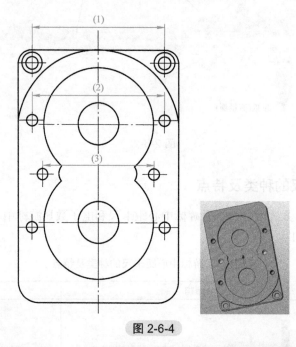

图 2-6-4

1. 使用中心距卡尺测量图 2-6-4 中标号为（1）、（2）、（3）处工件两孔距尺寸（图 2-6-5）

图 2-6-5

2. 使用中心距卡尺测量工件尺寸的注意事项

1）测量前应将中心距卡尺擦拭干净，检查量爪贴合后主标尺与游标尺的零刻度线是否对齐。

2）在测量时，量爪与工件测量面接触要正确勿歪斜。

3）在中心距卡尺上读数时，要正视游标卡尺，避免产生视线误差。

考核评价

任务评价表

班级＿＿＿＿＿＿＿　　　　　　　　　　　　小组号＿＿＿＿＿＿＿

姓名＿＿＿＿＿＿＿　　　　　　　　　　　　学　号＿＿＿＿＿＿＿

项目	自我评价			小组评价			教师评价		
	10～9	8～6	5～1	10～9	8～6	5～1	10～9	8～6	5～1
	占总评 10%			占总评 30%			占总评 60%		
测量器具的选用									
测量器具的校准									
测量器具的使用									
测量器具的读数									
协作精神									
纪律观念									
职业素养									
小计									
总评									

 拓展知识

测量误差产生的原因

测量误差是不可避免的，但是由于各种测量误差的产生都有其原因和影响测量结果的规律，因此测量误差是可以控制的。要提高测量精确度，就必须减小测量误差。要减小和控制测量误差，就必须了解和研究测量误差产生的原因。产生测量误差的原因很多，主要有以下几个方面：

1. 测量器具误差

测量器具误差是指由于计量器具本身存在的误差而引起的测量误差。具体地说，是由于计量器具本身的设计、制造以及装配、调整不准确而引起的误差，一般表现在计量器具的示值误差和重复精度上。

2. 基准件误差

所有基准件或基准量具，虽然制作得非常精确，但是都不可避免地存在误差。基准件误差是指作为标准量的基准件本身存在的误差。例如，量块的制造误差等。

3. 环境误差

环境误差是指由于环境因素与要求的标准状态不一致所引起的测量误差。影响测量结果的环境因素有温度、湿度、振动和灰尘等。其中温度影响最大，这是由于各种材料几乎对温度都非常敏感，都具有热胀冷缩的现象。因此，在长度计量中规定标准温度为 20℃。

4. 测量方法误差

测量方法误差是指选择的测量方法和定位方法不完善所引起的误差。例如，测量方法选择不当、工件安装不合理、计算公式不精确、采用近似的测量方法或间接测量法等造成的误差。

5. 人员读数误差

指测量人员因生理差异和技术不熟练引起的误差。常表现为视差、观测误差、估读误差和读数误差等。

课后练习

请结合所学知识，用中心距卡尺测量基座零件相关尺寸，标注零件图中指定的 4 个空白尺寸，如图 2-6-6 所示。

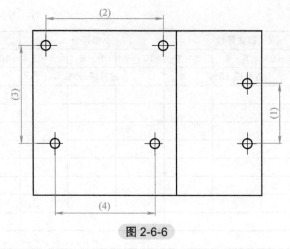

图 2-6-6

任务 2-7　使用其他量具

 任务描述

在零件部件的测绘过程中，除了要掌握游标卡尺、千分尺等通用量具的使用方法之外，还要掌握中心距卡尺和半径样板、螺纹牙规等专用量具的使用方法，以提高测绘效率。本节任务就是学习使用圆弧规、螺纹牙规测量零件尺寸，如图 2-7-1 所示。

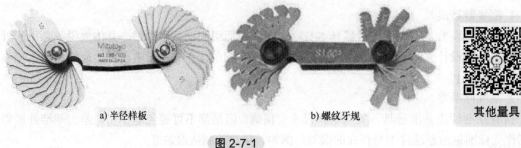

a) 半径样板　　　　　　　b) 螺纹牙规　　　　　其他量具

图 2-7-1

 知识目标

- 了解圆弧规和螺纹牙规的结构和用途
- 掌握圆弧规和螺纹牙规的使用方法

能力目标

- 会根据零件实际情况选用测量工具
- 能正确使用圆弧规测量工件的半径尺寸
- 能正确使用螺纹牙规测量工件的螺纹牙型和牙距

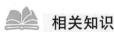

相关知识

螺纹尺寸由螺纹直径与螺距组成，检验螺纹规格（是否合格）可选用螺纹规。螺纹规又称螺纹通止规、螺纹量规，是用来检验判定螺纹的尺寸是否正确的专用工具。螺纹规根据所检验内外螺纹分为螺纹塞规和螺纹环规，还有一种片状的牙型规。

（1）螺纹塞规　螺纹塞规是检验内螺纹尺寸是否正确的工具，可分为普通粗牙、细牙和管螺纹三种。

（2）螺纹环规　螺纹环规用于检验外螺纹尺寸是否正确的工具，通端为一件，止端为一件。一般分为直螺纹环规、一般锥牙环规、平面锥牙环规三种。

（3）牙型规　牙型规一般在生产中使用，牙型规与螺纹牙型吻合就可确认未知螺纹的牙距。通常有公制 60° 和英制 55° 之分。

任务实施

活动一　认识半径样板

一、半径样板结构（图 2-7-2）

半径样板是利用光隙法测量圆弧半径的工具，用于内、外连接圆弧和倒角半径的测量，其特点是效率高，但准确度不高。圆弧规由凸圆弧规和凹圆弧规及支持架三部分组成。

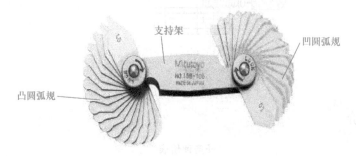

图 2-7-2

二、半径样板的用途（图 2-7-3）

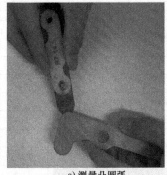

a) 测量凸圆弧

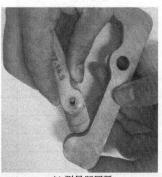

b) 测量凹圆弧

图 2-7-3

活动二　认识螺纹牙规

一、螺纹牙规结构（图 2-7-4）

螺纹牙规是一种带有不同螺距的标准工具，每套牙规由很多种螺距值不同的薄片组成，在生产中用来测定普通螺纹的螺距。

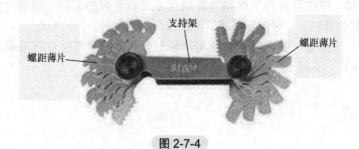

图 2-7-4

二、螺纹牙规的用途（图 2-7-5）

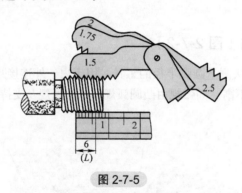

图 2-7-5

考核评价

任务评价表

班级＿＿＿＿＿＿＿＿＿　　　　　　　　　　小组号＿＿＿＿＿＿＿＿＿

姓名＿＿＿＿＿＿＿＿＿　　　　　　　　　　学　号＿＿＿＿＿＿＿＿＿

项目	自我评价			小组评价			教师评价		
	10～9	8～6	5～1	10～9	8～6	5～1	10～9	8～6	5～1
	占总评 10%			占总评 30%			占总评 60%		
测量器具的选用									
测量器具的校准									
测量器具的使用									
测量器具的读数									
协作精神									
纪律观念									
职业素养									
小计									
总评									

拓展知识

<h2 align="center">测量误差的分类</h2>

根据误差的特点与性质，以及误差出现的规律，可将测量误差分为系统误差、随机误差和粗大误差三种基本类型。

　1. 系统误差

系统误差是指在同一条件下，对同一被测几何量进行多次重复测量时，误差的数值大小和符号均保持不变，或按某一确定规律变化的误差，称为系统误差。前者称为定值系统误差，如量块检定后的实际偏差，千分尺不对零而产生测量误差等。后者称为变值系统误差，所谓确定规律，是指这种误差可表达为一个因素或几个因素的函数。

　2. 随机误差

随机误差是指在同一条件下，对同一被测几何量进行多次重复测量时，绝对值和符号以不可预定的方式变化的误差。从表面看，随机误差没有任何规律，表现为纯粹的偶然性，因此也将其称为偶然误差。

单次测量时，误差出现是无规律可循的；若进行多次重复测量，误差的变化服从统计规律，所以，可利用统计原理和概率论对它进行处理。

　3. 粗大误差

粗大误差（也称过失误差）是指超出了一定条件可能出现的误差。它的产生是由于测量时疏忽大意（如读数错误、计算错误等）或环境条件突变（冲击、振动等）而造成的某些较大的误差。在处理数据时，必须按一定的准则从测量数据中剔除。

 课后练习

请结合所学知识，用圆弧规测量偏心套零件相关尺寸，标注零件图中指定的两个空白尺寸，如图 2-7-6 所示。

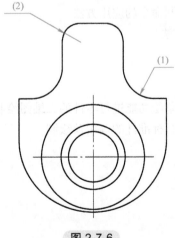

图 2-7-6

项目 3
建模与生成二维图

任务 3-1　垫圈的建模与生成二维图

 任务描述

　　齿轮连冲运动机构由若干个装配在一起的零件组成。学生通过对垫圈（图 3-1-1）的学习和训练，完成相关项目，掌握中望 3D 软件草图绘制命令的使用方法和标准件的建立方法，逐步培养绘图能力，为今后学习和社会实践打下坚实的基础。

垫圈

图 3-1-1

 知识目标

- 掌握中望 3D 软件草图绘制命令的应用方法
- 掌握机械标准件的调用方法

能力目标

- 学会利用中望 3D 软件的草绘功能进行零件的二维图绘制
- 学会利用中望 3D 软件进行标准件的调用及绘制

 相关知识

一、草图命令的使用

　　零件在实际使用过程中，由于装配、使用功能等方面有不同的要求，一个零件上会有不同位置、不同形状的各类特征，因此在三维建模时，我们需要通过绘制特征截面图形生成特征。使用草图命令便可进入草图绘制界面，绘制所需图形，如图 3-1-2 所示。

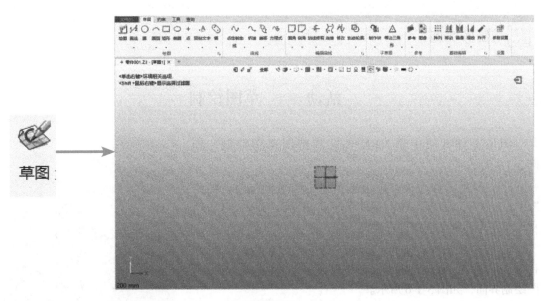

图 3-1-2

二、建立标准件

1)标准件是指结构、尺寸、画法、标记等各个方面已经完全标准化,并由专业厂家生产的常用零(部)件。本次任务中的垫圈便是其中之一。

2)在三维装配中,我们需要装配标准件。标准件的绘制有两种方法:①在中望 3D 软件中通过标准件库调用符合要求的标准件(常规安装中不含有标准件库,需另外安装);②通过中望 CAD 自带标准件库调出标准件的零件图,自行建模(图 3-1-3)。

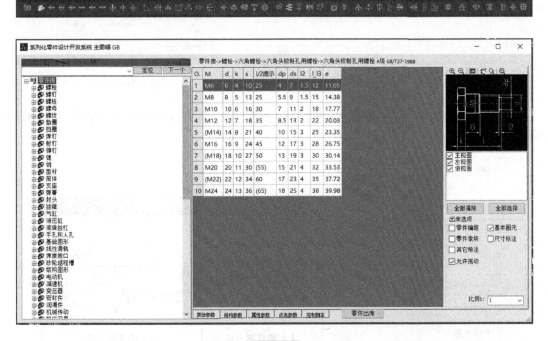

图 3-1-3

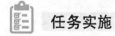

任务实施

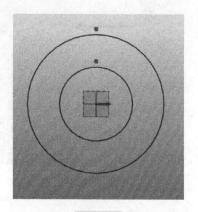

图 3-1-4

活动一　草图绘制

测量零件并用中望 3D 软件完成垫圈草图绘制，如图 3-1-4 所示。

（1）创建零件文件　单击【新建】工具图标，弹出"新建文件"对话框，输入零件名称"垫圈"，如图 3-1-5 所示。单击【确定】按钮进入建模界面。

（2）草图命令　单击"草图"命令，选择作图平面，在本次学习中，选择默认平面，用鼠标单击确认，进入草图绘制界面，如图 3-1-6 所示。

（3）直线　用不同方法创建一条直线。方法包括平行点、平行偏移、垂直、角度、水平和竖直法等。

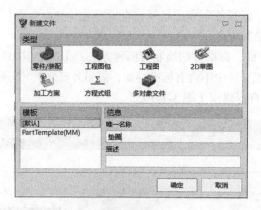

图 3-1-5

图 3-1-6

1）直线两点法。该方法通过选择第一点和第二点，在两点间创建一条直线，如图 3-1-7 所示。

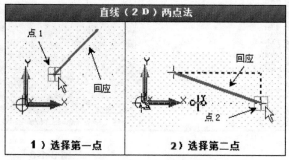

图 3-1-7

2）直线垂直法 ⊥。创建与参考线垂直的直线。首先选择参考线，然后选择第一点和第二点。可使用长度选项指定直线的长度，如图 3-1-8 所示。

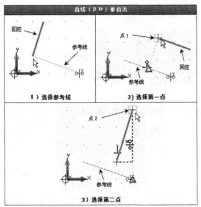

图 3-1-8

3）直线角度法 ∠。创建与参考线成一定角度的直线。首先选择参考线和起点。对角度选项，可选择一点确定角度或输入角度值，然后选择终点。可使用长度选项指定直线的长度，如图 3-1-9 所示。

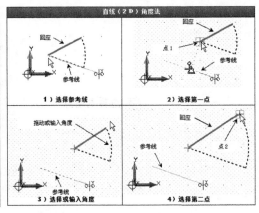

图 3-1-9

（4）圆 用不同方法创建一个圆，方法包括边界法、半径法、三点法、两点半径与两点法。下面只介绍半径法和三点法。

1）半径法 ⊙：使用该方法输入一个半径与选择一个圆心点来创建圆，如图 3-1-10 所示。

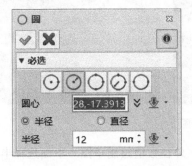
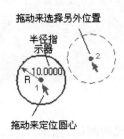

图 3-1-10

2）三点法 ◯：使用该方法选择三个边界点来创建圆，如图 3-1-11 所示。

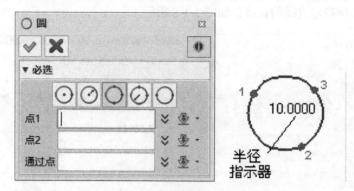

图 3-1-11

（5）矩形 用不同方法创建一个矩形，方法包括"中心""角点""中心、角度""角点、角度"法。下面只介绍中心法和中心、角度法。

1）中心法 ⊡：通过定义中心点和一个对角点，来创建一个水平或垂直的矩形，如图 3-1-12 所示。

2）中心、角度法 ⊡：通过定义中心点，沿第一条轴的一点和一个对角点创建一个矩形。可使用此命令创建一个旋转一定角度的矩形。沿第一条轴的点将确定该角度，如图 3-1-13 所示。

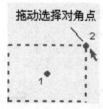

图 3-1-12   图 3-1-13

（6）使用游标卡尺测量垫圈的内径、外径 如图 3-1-14 所示。

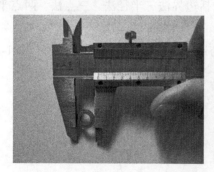

图 3-1-14

（7）根据游标卡尺所测量的垫圈内径、外径数值绘制草图 下面选择半径法进行绘制，如图 3-1-15 所示。

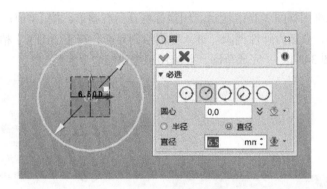

图 3-1-15

选择坐标原点为圆心，由于所测尺寸为直径，选中"直径"选项，输入所测内径数值，单击确认完成此圆的绘制。

重复上一步骤，在直径处输入所测外圆数值，完成外圆的绘制。

活动二　标准件的建立

1）通过中望 CAD 软件调出标准件二维图。用鼠标在命令栏单击右键，光标移至 ZW-CADM，用鼠标左键单击第一个选项，将零件库命令栏调出，该命令栏中不同零件分类可根据实际零件的分类快速选择。内含多个常见的零件规格，数据清晰明了，如图 3-1-16 所示。

图 3-1-16

例如，本套机构的挡圈就是标准件，通过测量，可根据数值查找，首先找到挡圈选项⊞，用鼠标左键单击，弹出如图 3-1-17 所示选择框。

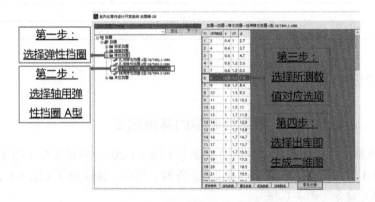

图 3-1-17

2）调出后的二维图如图 3-1-18 所示。用鼠标框选所有图形，按【Ctrl+C】复制，打开中望 3D 软件，新建零件，命名为弹性挡圈。进入草图绘制界面，按【Ctrl+V】粘贴，选择基点，将图形复制进草图（图 3-1-19），完成草图，并应用三维建模命令建模。

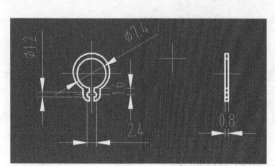

图 3-1-18

图 3-1-19

 考核评价

任务评价表

班级＿＿＿＿＿＿＿＿＿＿   小组号＿＿＿＿＿＿＿＿＿＿

姓名＿＿＿＿＿＿＿＿＿＿   学 号＿＿＿＿＿＿＿＿＿＿

项目	自我评价			小组评价			教师评价		
	10～9	8～6	5～1	10～9	8～6	5～1	10～9	8～6	5～1
	占总评 10%			占总评 30%			占总评 60%		
指定工作计划									
绘制零件分工									
零件检测									
草图绘制									
学习主动性									
协作精神									
纪律观念									
小计									
总评									

 拓展知识

草图绘制中的其他指令

自学草图绘制中的其他指令，包括椭圆命令（图 3-1-20），圆弧命令（图 3-1-21），修剪/延伸命令（图 3-1-22），偏移命令（图 3-1-23），阵列、移动、镜像命令（图 3-1-24），倒角命令（图 3-1-25），圆角命令（图 3-1-26）。

图 3-1-20

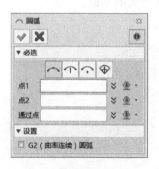

图 3-1-21

图 3-1-22

图 3-1-23

图 3-1-24

图 3-1-25

图 3-1-26

 课后练习

请结合所学知识，对以下标准件进行三维建模。

1. 各类垫圈（图 3-1-27）
2. 各类挡圈（图 3-1-28）
3. 各类键（图 3-1-29）
4. 各类销（图 3-1-30）

图 3-1-27 图 3-1-28 图 3-1-29 图 3-1-30

任务 3-2 连杆的建模与生成二维图

 任务描述

齿轮连冲运动机构由若干个装配在一起的零件组成。学生通过对连杆（图 3-2-1）的学习和训练，完成相关项目，掌握中望 3D 软件草图约束命令与拉伸命令的使用方法，逐步培养绘图能力，为今后学习和社会实践打下坚实的基础。

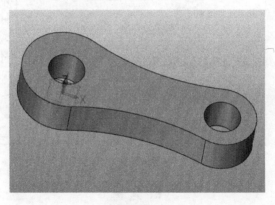

连杆

图 3-2-1

知识目标

- 掌握中望 3D 软件草图约束命令的使用方法
- 掌握中望 3D 软件拉伸命令的使用方法

能力目标

- 学会利用中望 3D 软件的草图约束功能及拉伸命令进行连杆绘制

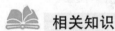

相关知识

一、草图约束命令的使用

1）约束功能。此命令为激活的草图添加约束。修改草图时，会强制几何体满足约束。有多种约束可供选择。还有用于分析、求解约束系统的命令（图 3-2-2）。

图 3-2-2

2）使用此命令，通过选择一个实体或选定标注点进行标注，输入数据，可动态更改，避免重新绘制草图图元（图 3-2-3）。

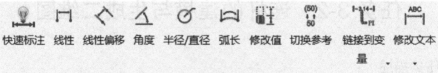

图 3-2-3

二、拉伸命令的使用

1）使用此命令创建一个拉伸特征，如图 3-2-4 所示。

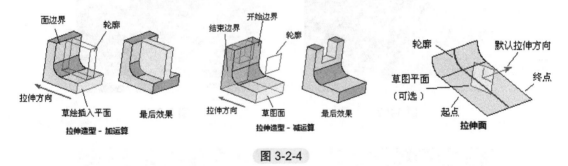

图 3-2-4

2）布尔造型。

① ：基体特征用于定义零件的初始基础形状。如果活动零件中没有几何体，则自动选择该方法。如果有几何体，这个方法则可创建一个单独的基体造型。

② ：该方法从布尔造型中增加材料。

③ ：该方法从布尔造型中删除材料。

④ ：该方法返回与布尔造型相交的材料。

任务实施

活动一　连杆的二维草图

测量零件并用中望 3D 软件完成连杆三维建模，如图 3-2-5 所示。

1）创建零件文件。单击【新建】工具图标 ，弹出"新建文件"对话框，输入零件名称"连杆"，如图 3-2-6 所示。单击【确定】按钮进入建模界面。

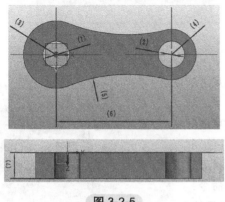

图 3-2-5

图 3-2-6

2）使用游标卡尺测量图 3-2-5 中（1）处直径尺寸，如图 3-2-7 所示。

3）使用游标卡尺测量图 3-2-5 中（2）处直径尺寸，如图 3-2-8 所示。

4）使用半径样板测量图 3-2-5 中（3）处半径尺寸，如图 3-2-9 所示。

5）使用半径样板测量图 3-2-5 中（4）处半径尺寸，如图 3-2-10 所示。

图 3-2-7

图 3-2-8

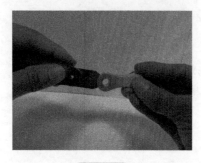

图 3-2-9

图 3-2-10

6）使用半径样板测量图 3-2-5 中（5）处半径尺寸，如图 3-2-11 所示。

7）使用偏置中心线卡尺测量图 3-2-5 中（6）处长度尺寸，如图 3-2-12 所示。

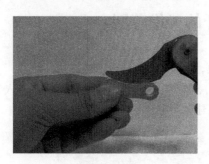

图 3-2-11

图 3-2-12

8）使用游标卡尺测量图 3-2-5 中（7）处厚度尺寸，如图 3-2-13 所示。

9）绘制草图。单击"草图"命令，弹出"草图"对话框，选择 XY 平面，进入"草图"环境下，并绘制图 3-2-5 中（1）、（2）处轮廓曲线，通过标注选项标注（6）处尺寸数值，如图 3-2-14 所示。使用"圆"命令，绘制图 3-2-5 中（3）、（4）处轮廓曲线，圆心选择已绘制的两圆圆心，如图 3-2-15 所示。使用"圆弧"命令，选择半径法，单击鼠标右键，选择"切点"，将两点选在图 3-2-15 所示绘制的圆周上，输入所测图 3-2-5 中（5）

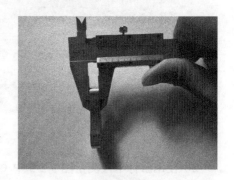

图 3-2-13

处半径尺寸，绘制出上下两处圆弧，如图 3-2-16 所示。选择"划线修剪"命令，修剪掉多余的两条线，如图 3-2-17 所示。单击"退出"，完成草图。

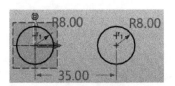

图 3-2-14

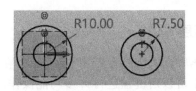

图 3-2-15

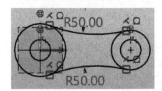

图 3-2-16

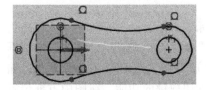

图 3-2-17

活动二　　连杆的三维建模

单击"拉伸"命令，在对话框中，"轮廓 P"选择所绘制草图，"拉伸类型"选择"1 边"，"结束点 E"输入所测图 3-2-5 中（7）处厚度尺寸，如图 3-2-18 所示。

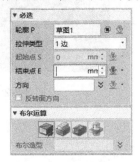

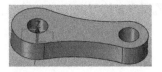

图 3-2-18

 考核评价

任务评价表

班级＿＿＿＿＿＿＿＿＿＿　　　　　　小组号＿＿＿＿＿＿＿＿＿＿

姓名＿＿＿＿＿＿＿＿＿＿　　　　　　学　号＿＿＿＿＿＿＿＿＿＿

项目	自我评价			小组评价			教师评价		
	10~9	8~6	5~1	10~9	8~6	5~1	10~9	8~6	5~1
	占总评 10%			占总评 30%			占总评 60%		
指定工作计划									
绘制零件分工									
零件检测									
三维建模绘制									
学习主动性									
协作精神									
纪律观念									
小计									
总评									

拓展知识

1）中望 3D 快捷键的使用与自定义。在使用过程中可以用键盘进行许多功能操作，为了便于个人不同的记忆习惯，可进行快捷键的设置。

用鼠标单击标题栏图标，选择 **工具(T)** 选项，选择"自定义"，调出"自定义"对话框（图 3-2-19），选择"热键"，在搜索栏里，输入需要设置快捷键的功能，在图中方框位置输入需要设置的快捷键。用鼠标单击"确定"即完成设置。

图 3-2-19

在使用时，直接使用键盘输入快捷键，即可调用功能。

2）中望机械 CAD 快捷键的使用。在不知道功能快捷键时，可先用鼠标左键单击功能，在图 3-2-20 所示方框处，可看到快捷键指令。例如，图 3-2-20 中的命令是直线命令，那么快捷键指令就是字母 l，直接输入字母 l，空格确定，便可调用对应功能。不同的快捷键，字母多少不一，需要多多练习。

图 3-2-20

 课后练习

1. 请结合所学知识，自主学习三维建模的其他命令。
2. 请结合所学知识，自主了解中望 CAD 软件各功能快捷键。

 职业素养：求真务实、严谨踏实

本任务的内容是完成连杆测绘和建模。连杆是汽车发动机主要的传动机构之一，它将活塞和曲轴连接起来，把作用于活塞顶部的膨胀气体压力传给曲轴，使活塞的往复直线运动可逆地转化为曲轴的回转运动，以输出功率。如果连杆缺失或者出现问题，则无法传递功率，汽车不转，轮船不走，机械设备无法转动。测绘是加工的基础，它影响到后续的加工、装配等，所以需要认真负责、踏实敬业的工作态度和严谨求实的工作作风。只有脚踏实地不断学习，打好基础，掌握新知识和新技能，才能适应快速变化的工作环境。学习不仅能提升个人能力和素质，还能为工作提供新的思考和解决方案。

求真务实的工作作风和严谨踏实的工作态度是成功的关键要素之一。我们在工作中要勇于面对问题和挑战，追求真理和实际效果，并且坚持以严谨的态度和踏实的步伐进行学习和工作。

任务 3-3　转销的建模与生成二维图

转销

 任务描述

齿轮连冲运动机构由若干个装配在一起的零件组成。学生通过对转销（图 3-3-1）的学习和训练，完成相关项目，掌握圆柱体命令与二维图中的图幅设置、图层设置、文字与标注样式设置的使用，逐步培养绘图能力，为今后学习和社会实践打下坚实的基础。

图 3-3-1

 知识目标

- 掌握圆柱体测绘及三维建模方法
- 掌握三维实体转换二维工程图的方法

 能力目标

- 学会利用软件中的圆柱体命令进行圆柱零件建模
- 学会利用软件将零件三维实体转换为二维工程图

 相关知识

一、圆柱体命令的使用

使用此命令创建一个圆柱体快速造型特征。这与拉伸造型命令相似，但此命令仅需输入三个点。支持标准的基体、加运算、减运算和交运算，还可将圆柱体与一个平面对准，如图 3-3-2 所示。

建模方法　　　　对齐平面

图 3-3-2

二、三维实体转换二维工程图

1）图纸管理器。用于管理工程图下创建的所有对象并显示零件的历史信息。通过该管理器可以创建图纸、表（用户表，BOM 表，孔表和电极表）和各种视图。一个工程图可以创建多张图纸，每张图纸下包含图纸格式、表和视图三部分。

2）输出二维工程图。使用此命令，可以将三维模型以多个二维视图的形式表示，并且输出常见的二维工程图，省去了零件二维图的视图绘制时间。

单击 **文件(F)** 选项，在选项栏中找到 **输出...**，单击"选择"，弹出对话框，如图 3-3-3 所示，在方框①处设置输

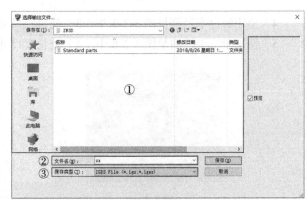

图 3-3-3

出位置，在方框②处输入文件名，在方框③处选择保存类型。二维图格式为 .dwg，如图 3-3-4
所示。

```
IGES File (*.igs;*.iges)
STEP Files (*.stp;*.step)
DWG/DXF File (*.dwg,*.dxf)
Parasolid Text File (*.x_t)
Parasolid Binary File (*.x_b)
VDA File (*.vda)
ACIS Files (*.sat;*.sab)
STL File (*.stl)
```

图 3-3-4

 任务实施

活动一　转销三维建模

测量零件并用中望 3D 软件完成转销三维建模，如图 3-3-5 所示。

1）创建零件文件。用鼠标左键单击【新建】工具图标，弹出"新建文件"对话框，输入
零件名称"转销"，如图 3-3-6 所示。单击【确定】按钮进入建模界面。

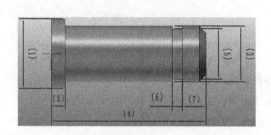

图 3-3-5

图 3-3-6

2）使用游标卡尺测量图 3-3-5 中（1）处直径尺寸，如图 3-3-7 所示。

3）使用游标卡尺测量图 3-3-5 中（2）处长度尺寸，如图 3-3-8 所示。

图 3-3-7

图 3-3-8

4）使用游标卡尺测量图 3-3-5 中（3）处直径尺寸，如图 3-3-9 所示。

5）使用游标卡尺测量图 3-3-5 中（4）处长度尺寸，如图 3-3-10 所示。

图 3-3-9

图 3-3-10

6）使用游标卡尺测量图 3-3-5 中（5）处直径尺寸，如图 3-3-11 所示。

7）使用游标卡尺测量图 3-3-5 中（6）处长度尺寸，如图 3-3-12 所示。

8）使用游标卡尺测量图 3-3-5 中（7）处长度尺寸，如图 3-3-13 所示。

图 3-3-11　　　　　　　　图 3-3-12　　　　　　　　图 3-3-13

9）建立转销三维实体。通过实体观察，用"圆柱体"命令 ▌圆柱体 建立模型（图 3-3-14）。

图 3-3-14

10）圆柱体命令的使用。单击"圆柱体"命令 ▌圆柱体，弹出的对话框如图 3-3-15 所示。单击"中心"，选择圆柱体的中心，通过鼠标选择或者键盘输入；在"半径"处输入所测得的尺寸，有时，我们测得的尺寸是直径尺寸，可在"半径"输入框的右边"R"处单击鼠标左键，切换输入的"尺寸类型"为"φ"；在"长度"处输入所测得的长度尺寸；在"布尔运算"中，选择是否进行布尔运算；使用"对齐平面"选项使圆柱体和一个基准面对齐，中心点将保持固定，圆柱体半径将对齐平面（图 3-3-16）。

11）转销的三维建模。用鼠标左键单击"圆柱体"命令 ▌圆柱体，在对话框中，用鼠标选择坐标原点，或者直接用键盘输入"0,0,0"，在"直径"处输入所测得的图 3-3-5 中（1）处直径尺寸，在"长度"处输入所测得的图 3-3-5 中（2）处长度尺寸，如图 3-3-17 所示。

  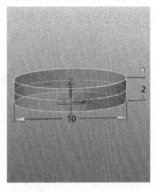

图 3-3-15　　　　　　　图 3-3-16　　　　　　　图 3-3-17

12）重复圆柱体命令，中心为原点，在"直径"处输入所测得的图 3-3-5 中（3）处直径尺寸，在"长度"处输入所测得的图 3-3-5 中（4）处长度尺寸，在"布尔运算"处选择"加运算"，如图 3-3-18 所示。

13）拉伸凹槽。用鼠标左键单击"草图"命令 🖉 草图，弹出"草图"对话框，单击端面创建草图平面，如图 3-3-19 所示。

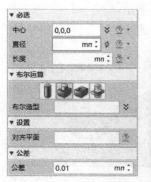

图 3-3-18   图 3-3-19

14）进入"草图"环境后，绘制图 3-3-5 中（5）处轮廓曲线，由于需要进行减运算，所以要多绘制一个比最大轮廓大的圆，如图 3-3-20 所示。绘制完成后退出"草图"环境，单击"拉伸"命令，"拉伸类型"选"2 边"，"起始点 S"输入所测得图 3-3-5 中（7）处长度尺寸，接着在"结束点 E"处输入所测得图 3-3-5 中（6）处尺寸加上图 3-3-5 中（7）处的尺寸，根据拉伸方向，如果方向与所需方向相反，则在输入的尺寸前加上"–"号，使用"布尔运算"→"减运算"拉伸特征，如图 3-3-21 所示。

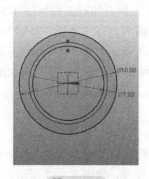

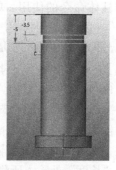

图 3-3-20   图 3-3-21

15）倒角命令。用于创建各类倒角。在所选的边上倒角，通过"等距倒角"命令创建的倒角是等距的。在共有同一条边的两个面上，倒角的缩进距离是一样的，如图 3-3-22 所示。

16）创建边倒角。在"边 E"选项中选择需要倒角的边，"倒角距离 S"中，输入倒角的距离，如图 3-3-23 所示。

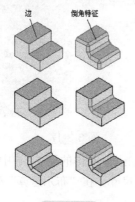

图 3-3-22   图 3-3-23

图 3-3-24

活动二	三维模型转 2D 工程图

完成三维建模之后，可利用软件直接转换 2D 工程图，如图 3-3-24 所示。

1）选择模板为默认，用鼠标左键单击【确定】进入视图布局界面，如图 3-3-25 所示。

2）摆放视图。用鼠标单击"标准"命令 ，调出对话框，在"视图"处，选择需要的视图，使用鼠标放置视图位置，在"设置"中设置需要的功能，如图 3-3-26 所示。

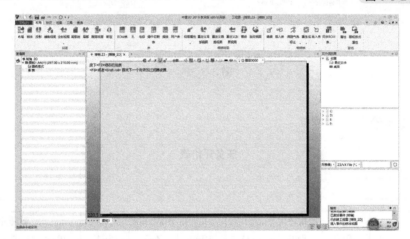

图 3-3-25

3）在本任务的零件中，只需要一个视图即可，在"视图"选项中选择"前视图"，放于大致位置即可，如图 3-3-26 所示。根据视图摆放原则，轴类零件一般横置，在摆放时，若视图方向不对，可使用"旋转视图"命令 ，将视图转到需要的方向，如图 3-3-27 所示。

图 3-3-26

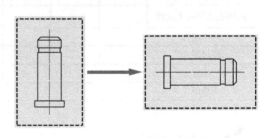

图 3-3-27

4）旋转视图的使用。用鼠标单击"旋转视图"命令 ，再选择需要旋转的视图，输入需要旋转的角度，单击 确定即可，如图 3-3-28 所示。

5）输出二维工程图。根据相关知识的内容，输出图样，自行设定需要保存到的文件夹，输出 .dwg 格式的文件，如图 3-3-29 所示。

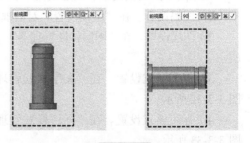

图 3-3-28

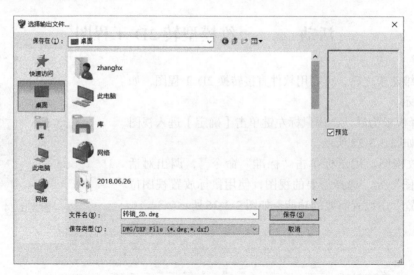

图 3-3-29

考核评价

任务评价表

班级_____ 小组号_____

姓名_____ 学　号_____

项目	自我评价			小组评价			教师评价		
	10~9	8~6	5~1	10~9	8~6	5~1	10~9	8~6	5~1
	占总评 10%			占总评 30%			占总评 60%		
指定工作计划									
绘制零件分工									
零件检测									
三维建模绘制									
视图表达学习主动性									
协作精神									
纪律观念									
小计									
总评									

拓展知识

二维图中的图幅设置、图层设置、文字与标注样式设置如下：

1）图幅设置。在"图幅设置"对话框中，设置所需要的图幅，如图 3-3-30 所示。

2）图层设置。在"图层特性管理器"对话框中，设置符合国家标准的各类线型，如图 3-3-31 所示。

3）文字样式设置。在"文字样式管理器"对话框中，设置符合国家标准的标注文字，如图 3-3-32 所示。

4）标注样式设置。在"标注样式管理器"对话框中，设置符合国家标准的标注样式，如图 3-3-33 所示。

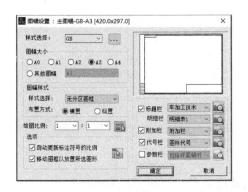

图 3-3-30

图 3-3-31

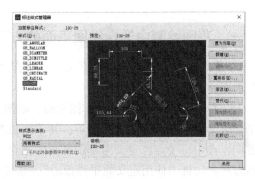

图 3-3-32

图 3-3-33

 课后练习

1. 请结合所学知识，自行学习三维模型转 2D 工程图的其他命令。
2. 学会查阅国家标准，并掌握各类国家标准。

任务 3-4　基座的建模与生成二维图

任务描述

齿轮连冲运动机构由若干个装配在一起的零件组成。学生通过对基座（图 3-4-1）的学习和训练，完成相关项目，掌握草图绘制中选择绘图平面的方法与内螺纹的画法，逐步培养绘图能力，为今后学习和社会实践打下坚实的基础。

基座

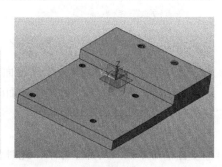

图 3-4-1

知识目标

- 掌握草图绘制时选择绘图平面的方法
- 掌握内螺纹的画法

能力目标

- 学会草图绘制时进行绘图平面的选择
- 学会利用软件的标记螺纹功能进行内螺纹的建模

相关知识

一、草图绘制中选择绘图平面的方法

1）作图平面的选择有两种方法，一是直接选择某一平面作为作图平面；二是插入一个新的基准面。

2）直接选择某一平面作为作图平面，如图 3-4-2 所示。选择一个插入平面确定草图的位置，该平面可为基准或零件面，选择后，新草图被激活以进行编辑。根据需要，选择草图平面的 Y 轴方向，选中一个点，定义为草图平面的原点，勾选"反转水平方向"选项，反转草图平面的 X 轴方向。勾选"使用定义的平面形心"，系统将自动计算指定平面的形心作为草图平面的 XY 原点。也可以单击鼠标中键，接受选中平面的默认属性。

3）插入一个新的基准面📐，如图 3-4-3 所示。使用此命令插入一个新的基准面，可以采用基准面建立一个参考面。创建一个草图时，系统将会提示选择一个插入平面，选择一个基准面或二维平面，草图将与该基准面或二维平面对齐，这时可以在平面上创建草图几何体。草图与在其上的平面参数相关联。

图 3-4-2

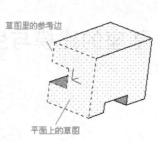

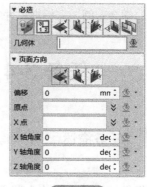

图 3-4-3

① 在其他命令中插入一个基准面。如果在某个命令中需要基准面时，可以单击鼠标右键并选择插入基准面命令。当创建基准面时其他的命令将被挂起，直到创建完成，其他的命令会继续执行并自动选择新建的基准面。

② 新建基准面作为局部坐标系。如果希望在零件级设置一个局部坐标系，可以选择插入局部坐标系命令插入局部坐标系，此时会提示：选择基准面作为局部坐标系的 XY 平面，单击鼠标右键选择插入基准面。完成新建基准面后，它将自动成为新的局部坐标系。

4）插入基准面的各类方法包括平面法，三点法，XY、XZ、YZ 平面法，屏幕平面法等。

① 平面法。选择除默认基准面以外的一条曲线、一条边、一个面或基准面。使用以下任一选项参考其中一个默认基准面。

a. 参考一条曲线或一个边。若选择一条曲线或一个边，无须附加输入。基准面将在选中点处与该曲线/边垂直。

b. 参考一个面。若选择一个面，无须附加输入。基准面将在选中点处与该面相切，如图 3-4-4 所示。

c. 参考其他基准面。若选中其他基准面，选择该平面的原点或单击鼠标中键将其定位在选中基准面的原点，如图 3-4-5 所示。

图 3-4-4　　　　　　　位于点的平面　　　　与一个基准面平行的平面

图 3-4-5

② 三点法。本方法通过指定三个点确定一个基准面。此处可采用可选选项对该平面轴的方向予以进一步的控制，如图 3-4-6 所示。选择一个点，确定基准面的原点。选择两个点，分别确定 X 轴和 Y 轴。单击鼠标中键创建该基准面。

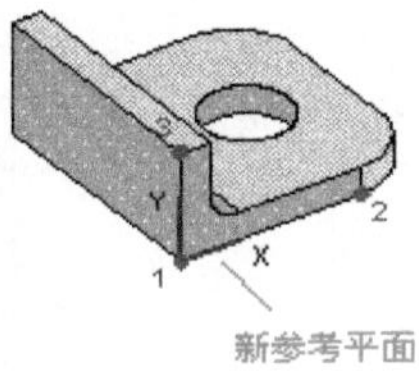

③ XY、XZ、YZ 平面法。本方法通过参考默认 XY、XZ、YZ 基准面创建一个基准面。

④ 屏幕平面法。本方法通过指定一个原点创建一个与当前屏幕平行的基准面。

图 3-4-6

二、内螺纹的画法

1）螺纹是最常见的特征，分为内螺纹和外螺纹，在螺纹的三维建模过程中，通常使用的是装饰螺纹，也称为标记螺纹，即不画出螺纹的实体特征，只是以某种形式表示，在三维转 2D 工程图时，会自动生成螺纹图线。

2）在中望 3D 软件中绘制内螺纹，只要找到螺纹的中心位置，即可通过对话框（图 3-4-7）设置相关的参数，直接生成螺纹特征。

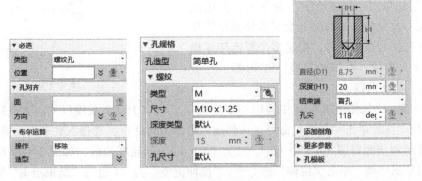

图 3-4-7

任务实施

活动一　三维建模

测量零件并用中望 3D 软件完成基座的三维建模，如图 3-4-8 所示。

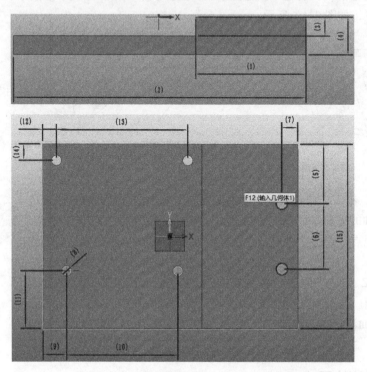

图 3-4-8

1）创建零件文件。单击【新建】工具图标，弹出"新建文件"对话框，输入零件名称"基座"，如图 3-4-9 所示。单击【确定】按钮进入建模界面。

2）草图命令。单击"草图"命令，选择作图平面，在本次学习中，我们选择默认平面，用鼠标左键单击确认，进入草图绘制界面。

3）用鼠标单击"快速绘图"命令，使用该命令，可在不改变命令的情况下绘制多种类型的几何图形。可选择合适的符号，指定多个要连接或相切的直线或曲线段。可以画直线、相切弧、三点弧、半径弧、圆和曲线。

图 3-4-9

4）使用游标卡尺测量图 3-4-8 中（1）、（2）、（3）、（4）、（15）处长度尺寸，如图 3-4-10 所示。

5）拉伸实体。单击"草图"命令，弹出"草图"对话框，选择 XY 平面，进入"草图"环境下，并绘制所测得图 3-4-8 中（1）、（3）、（4）处轮廓曲线，如图 3-4-11 所示。绘制完成后退出草图环境，单击"拉伸"命令，"拉伸类型"为"1 边"，"结束点 E"输入所测得图 3-4-8 中（15）处的长度尺寸，使用"布尔运算"→"基体"拉伸特征，如图 3-4-12 所示。

图 3-4-10

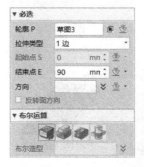

图 3-4-11　　　　　　　　　　　　　　图 3-4-12

6）使用偏置中心线卡尺测量图 3-4-8 中（6）、（10）、（13）处孔的中心距尺寸，如图 3-4-13 所示。

图 3-4-13

7）使用游标卡尺测量图 3-4-8 中（8）处内螺纹的小径尺寸，并查表得到螺纹的标准直径，如图 3-4-14 所示。

8）使用游标卡尺测量图 3-4-8 中（5）、（7）、（9）、（11）、（12）、（14）处孔的边到零件边缘的尺寸，再加上螺纹的半径，作为绘图的尺寸依据，如图 3-4-15 所示。

9）绘制六个螺纹孔的位置。单击"草图"命令，弹出"草图"对话框，"平面"选择模型的最高面，在"向上"处

图 3-4-14

单击鼠标右键，选择 Z 轴负半轴，如图 3-4-16 所示，根据图 3-4-8 中（5）、（7）、（9）、（11）、（12）、（14）处尺寸，绘制螺纹孔的位置，在位置上绘制所测得图 3-4-8 中（8）处尺寸的直径的圆，如图 3-4-17 所示。

图 3-4-15

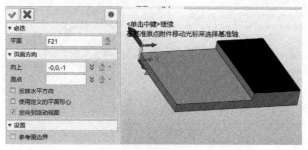

图 3-4-16　　　　　　　　　　　　　　　　　图 3-4-17

10）用鼠标单击"孔"命令 ，弹出"孔"对话框，"类型"选择"螺纹孔"，"位置"分别选择图 3-4-8 中（5）、（7）、（9）、（11）、（12）、（14）处的轮廓曲线中心点，"孔造型"选择"简单孔"，"规格"分别输入图 3-4-8 中（8）处所测得尺寸，由于螺纹孔为通孔，所以在"深度类型"处选择"完整"，"孔尺寸"需要自定义，在"结束端"处选择"通孔"，如图 3-4-18 所示。

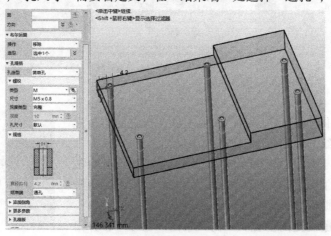

图 3-4-18

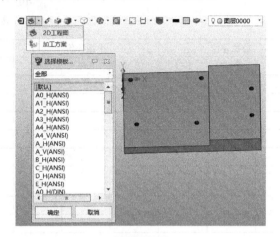

活动二　　三维模型转 2D 工程图

完成三维建模之后，转换 2D 工程图，如图 3-4-19 所示。

图 3-4-19

1）选择模板为默认，单击【确定】进入视图布局界面，如图 3-4-20 所示。

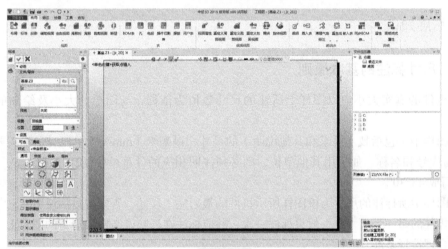

图 3-4-20

2）图幅选择和视图摆放如图 3-4-21 所示。

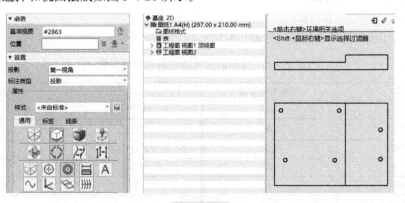

图 3-4-21

考核评价

任务评价表

班级＿＿＿＿＿＿＿＿　　　　　　　　　　　小组号＿＿＿＿＿＿＿＿

姓名＿＿＿＿＿＿＿＿　　　　　　　　　　　学　号＿＿＿＿＿＿＿＿

项目	自我评价			小组评价			教师评价		
	10~9	8~6	5~1	10~9	8~6	5~1	10~9	8~6	5~1
	占总评 10%			占总评 30%			占总评 60%		
指定工作计划									
绘制零件分工									
零件检测									
草图绘制									
草图绘制其他命令学习主动性									
协作精神									
纪律观念									
小计									
总评									

拓展知识

一、尺寸标注的基本原则

1）机件的真实大小应以图样上所注的尺寸数值为依据，与图形的大小及绘图的准确度无关。

2）图样中（包括技术要求和其他说明）的尺寸，以毫米（mm）为单位时，不需要标注计量单位的代号和名称，如采用其他单位，则必须注明相应的计量单位的代号或名称，如 45 度 30 分应写成 45°30′。

3）图样中所标注的尺寸为该图样所示机件的最后完工尺寸，否则应另加说明。

4）机件的每一个尺寸，一般只标注一次，并应标注在反映该结构最清楚的图形上。

5）合理选择基准。

6）功能尺寸应从设计基准直接注出。

7）避免出现封闭尺寸链。

8）应尽量方便加工和测量。

常用的尺寸注法符号和缩写词见表 3-4-1。

表 3-4-1　常用的尺寸注法符号和缩写词

名称	符号或缩写词	名称	符号或缩写词
直径	ϕ	45° 倒角	C
半径	R	深度	▽
球直径	$S\phi$	沉孔或锪平	⊔
球半径	SR	埋头孔	∨
厚度	t	均布	EQS
正方形	□	弧长	⌒

二、公差选择

1）满足产品的制造能力，如果产品的制造能力达不到公差设定的要求，公差设定得再高也没有意义。

2）通过公差分析，设定的公差应当满足产品的装配、功能、外观和质量等要求。

3）公差与产品的成本相关，公差越严格，产品成本就越大，在满足以上要求的前提下，公差越宽松越好。

4）合理设计产品特征，可以以较宽松的要求设定公差，从而降低产品成本。

公差等级的应用范围见表 3-4-2。

表 3-4-2　公差等级的应用范围

应用	公差等级（IT）																		
	01	0	1	2	3	4	5	6	7	8	9	10	11	12	13	14	15	16	17	18
块规	■	■	■																	
量规			■	■	■	■	■	■	■											
配合尺寸							■	■	■	■	■	■	■	■						
特别精密零件的配合				■	■	■	■													
非配合尺寸（大制造公差）													■	■	■	■	■	■	■	■
原材料公差										■	■	■	■	■	■	■				

课后练习

请结合所学知识，在二维图中，将基座的尺寸标注完全。

任务 3-5　活塞杆的建模与生成二维图

任务描述

齿轮连冲运动机构由若干个装配在一起的零件组成。学生通过对活塞杆（图 3-5-1）的学习和训练，完成相关项目，掌握局部剖视图与向视图的绘制方法，逐步培养绘图能力，为今后学习和社会实践打下坚实的基础。

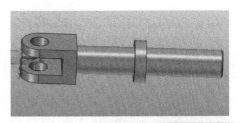

图 3-5-1

 知识目标

● 掌握零件局部剖视图的绘制方法
● 掌握零件向视图的绘制方法

活塞杆

能力目标

● 学会利用软件进行零件局部剖视图的绘制
● 学会利用软件进行零件向视图的绘制

相关知识

一、局部剖视图的绘制

局部剖视是指零件内部的剖视图，即零件视图被切去部分后显示零件内部的剖视图。当创建一个局部剖视图时，首先选择要修改的基准视图，然后在基准视图上需要剪去的部分绘制一个圆、矩形或者多线段边界，最后定义剖视零件的平面。局部剖视图会直接修改选择的基准视图，而不是像局部视图重新创建一个新视图，如图3-5-2所示。

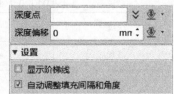

图 3-5-2

二、向视图的绘制

1）向视图是在主视图或其他视图上注明投射方向所得的视图，也是未按投影关系配置的视图。当某视图不能按投影关系配置时，可按向视图绘制。

2）向视图应用的注意事项如下：

① 六个基本视图中，优先选择主、俯、左三个视图。

② 向视图是基本视图的一种表达形式，其主要区别在于视图的配置方面，表达方向的箭头应尽可能配置在主视图上。

③ 向视图的名称为大写字母，方向应与正常的读图方向一致。

3）在中望3D软件里，我们需要先摆放出所需方向的视图，再通过中望机械CAD修剪出需要的视图。

任务实施

活动一　活塞杆三维建模

测量零件并用中望3D软件完成活塞杆三维建模，如图3-5-3所示。

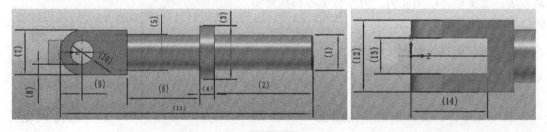

图 3-5-3

1）创建零件文件：单击【新建】工具图标 📄，弹出"新建文件"对话框，输入零件名称"活塞杆"，如图3-5-4所示。单击【确定】按钮进入建模界面。

2）使用游标卡尺测量图3-5-3中（1）处直径尺寸，如图3-5-5所示。

3）使用游标卡尺测量图3-5-3中（2）处长度尺寸，如图3-5-6所示。

4）使用游标卡尺测量图3-5-3中（3）处直径尺寸，如图3-5-7所示。

5）使用游标卡尺测量图3-5-3中（4）处长度尺寸，如图3-5-8所示。

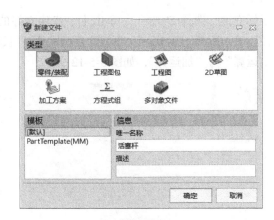

图 3-5-4

图 3-5-5

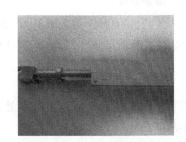

图 3-5-6

图 3-5-7

图 3-5-8

6）使用游标卡尺测量图3-5-3中（5）处直径尺寸，如图3-5-9所示。

7）使用游标卡尺测量图3-5-3中（6）处长度尺寸，如图3-5-10所示。

图 3-5-9

图 3-5-10

8）拉伸圆柱体。单击"圆柱体"命令 🔘，弹出"圆柱体"对话框，"中心"选择坐标原点，"直径"输入所测图3-5-3中（1）处直径尺寸，"长度"输入所测图3-5-3中（2）处长度尺寸，"布尔运算"为"基体"，如图3-5-11所示。

9）重复圆柱体。单击"圆柱体"命令 🔘，弹出"圆柱体"对话框，"中心"选择时，单击鼠标右键，选择 ⊙ 曲率中心，单击上一步建立好的模型的轮廓，选择轮廓的圆心为"中心"，"直径"输入所测图 3-5-3 中（3）处直径尺寸，"长度"输入所测图 3-5-3 中（4）处长度尺寸，"布尔运算"为"加运算"，如图 3-5-12 所示。

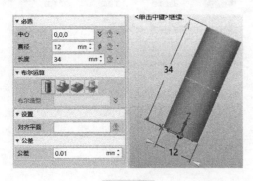

图 3-5-11

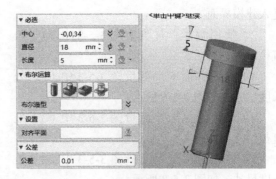

图 3-5-12

10）重复上一步骤，"直径"输入所测图 3-5-3 中（5）处直径尺寸，"长度"输入所测图 3-5-3 中（6）处长度尺寸，"布尔运算"为"加运算"，如图 3-5-13 所示。

11）使用游标卡尺测量图 3-5-3 中（7）处长度尺寸，如图 3-5-14 所示。

12）使用游标卡尺测量图 3-5-3 中（8）处长度尺寸，如图 3-5-15 所示。

13）使用游标卡尺测量图 3-5-3 中（9）处长度尺寸，如图 3-5-16 所示。

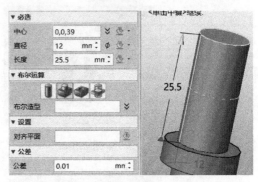

图 3-5-13

14）使用游标卡尺测量图 3-5-3 中（10）处直径尺寸，如图 3-5-17 所示。

图 3-5-14

图 3-5-15

图 3-5-16

图 3-5-17

15）使用游标卡尺测量图 3-5-3 中（11）处长度尺寸，如图 3-5-18 所示。

16）使用游标卡尺测量图 3-5-3 中（12）处长度尺寸，如图 3-5-19 所示。

图 3-5-18

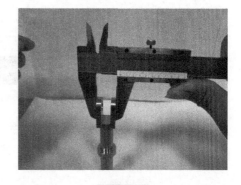

图 3-5-19

17）拉伸实体。单击"草图"命令 ，弹出"草图"对话框，单击 YZ 平面创建草图，进入"草图"环境后，绘制所测得图 3-5-3 中（7）、（8）、（9）、（10）、（11）处轮廓曲线，如图 3-5-20 所示。绘制完成后退出草图环境，单击"拉伸"命令 ，"拉伸类型"为"对称"，"结束点 E"输入所测得图 3-5-3 中（12）处的高度尺寸的一半，使用"布尔运算"→"加运算"拉伸特征，如图 3-5-21 所示。

图 3-5-20

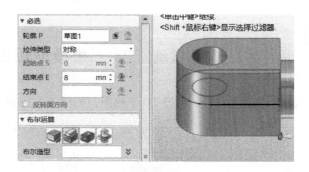

图 3-5-21

18）使用游标卡尺测量图 3-5-3 中（9）处直径尺寸，如图 3-5-22 所示。

19）使用游标卡尺测量图 3-5-3 中（10）处长度尺寸，如图 3-5-23 所示。

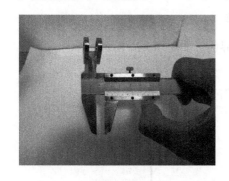

图 3-5-22

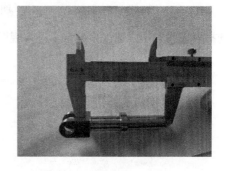

图 3-5-23

20）拉伸实体。单击"草图"命令 ，弹出"草图"对话框，单击实体的侧面作为平面创建草图，进入"草图"环境后，绘制所测得图 3-5-3 中（13）、（14）处轮廓曲线，如图 3-5-24 所示。绘制完成后退出草图环境，单击"拉伸"命令 ，"拉伸类型"为"1 边"，"结束点 E"输入所测得图 3-5-3 中（7）处的长度尺寸，使用"布尔运算"→"减运算"拉伸特征，如图 3-5-25 所示。

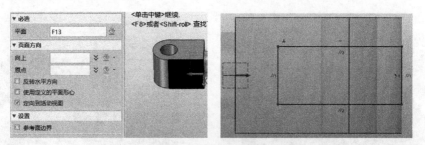

图 3-5-24

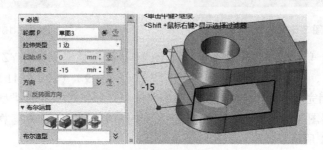

图 3-5-25

活动二　三维模型转 2D 工程图

完成三维建模之后，转换 2D 工程图，如图 3-5-26 所示。

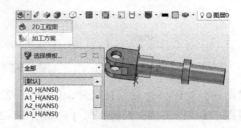

图 3-5-26

选择模板为默认，单击【确定】进入视图布局界面，如图 3-5-27 所示。

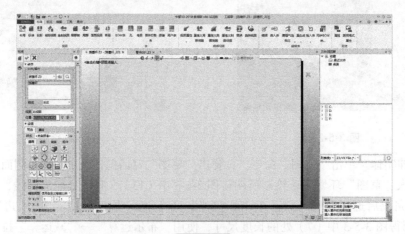

图 3-5-27

活动三　2D 工程图表达

图幅选择、视图摆放如图 3-5-28 所示。

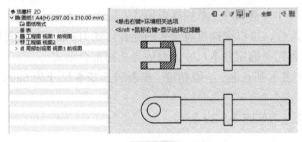

图 3-5-28

 考核评价

任务评价表

班级＿＿＿＿＿＿＿＿　　　　　　　　　　　　小组号＿＿＿＿＿＿＿＿

姓名＿＿＿＿＿＿＿＿　　　　　　　　　　　　学　号＿＿＿＿＿＿＿＿

项目	自我评价			小组评价			教师评价		
	10~9	8~6	5~1	10~9	8~6	5~1	10~9	8~6	5~1
	占总评 10%			占总评 30%			占总评 60%		
指定工作计划									
绘制零件分工									
零件检测									
三维建模绘制									
视图表达学习主动性									
协作精神									
纪律观念									
小计									
总评									

拓展知识

孔、轴公差配合的选择

首先要明白公差配合的知识，在机械设计手册或相关书籍中均有详细介绍，公差配合讲的就是配合关系的尺寸数据。例如，对于 $\phi40$ 孔与 $\phi40$ 轴的配合：

1）当需要能够转动时，称为间隙配合

① 需要非常大的间隙时，可以选择 H11/c11。

② 需要间隙稍微小一点时，选择 H9/d9。

③ 需要非常小的间隙时，选择 H8/f7。

2）当不需要转动时（包括轴承与轴的配合），称为过渡配合。

① 紧密配合，用于定位，可选 H7/js6。

② 轴承与轴的配合可选 H7/k6。

3）当需要轴、孔完全固联在一起时，称为过盈配合。过盈配合的孔做得比轴要小，需要用压力机装配，或温差法装配。

4）配合前面的字母 A 级间隙最大，Z 级间隙为负值（不仅没有间隙，而且其轴比孔小）。

5）字母后面的是精度等级，数字越小，精度越高。

6）基本尺寸是设计的基准值，相互配合的轴与孔应该是同一个基准值。

7）公差是以基本尺寸为基准的一系列配合形式。

8）非刚性的过盈配合，可以选择过盈量大的配合，如 H7/z6（这需要用压力机装配）。

9）设计顺序是：首先要确定基本尺寸，而后再选择配合形式。

比如 ϕ 6H7 孔：H 表示基孔制，7 级精度，6 表示其基本尺寸为 6mm。其加工控制尺寸要求为 6.000~6.012mm。

基孔制与基轴制公差带如图 3-5-29 所示。

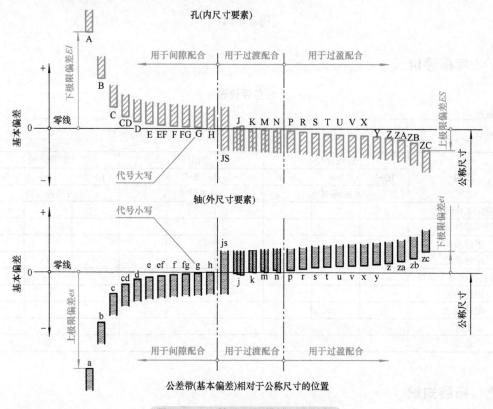

图 3-5-29　基孔制与基轴制公差带

 课后练习

请结合所学知识，自学公差表的查询方法。

任务 3-6　输入轴的建模与生成二维图

 任务描述

齿轮连冲运动机构由若干个装配在一起的零件组成。学生通过对输入轴（图 3-6-1）的学习和训练，完成相关项目，掌握键槽的快捷绘制方法，逐步培养绘图能力，为今后学习和社会实践打下坚实的基础。

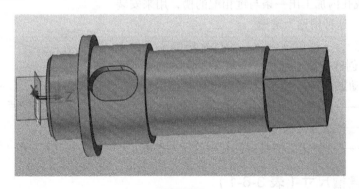

输入轴

图 3-6-1

知识目标

- 掌握键槽的测绘方法
- 掌握键槽的快捷绘制方法

能力目标

- 学会利用量具进行键槽尺寸的测绘
- 学会利用软件进行键槽的快捷绘制

相关知识

一、键与键槽

键是指机械传动中的键，主要用作轴和轴上零件之间的周向固定以传递转矩，有些键还可实现轴上零件的轴向固定或轴向移动，如减速器中齿轮与轴的连接。键分为以下几类：

1）平键。平键的两侧是工作面，上表面与轮毂槽底之间留有间隙。其定心性能好，装拆方便。平键有普通平键、导向平键和滑键这三种。

2）半圆键。半圆键也是以两侧为工作面，有良好的定心性能。半圆键可在轴槽中摆动以适应毂槽底面，但键槽对轴的削弱较大，只适用于轻载连接。

3）楔键。楔键的上下面是工作面，键的上表面有 1∶100 的斜度，轮毂键槽的底面也有 1∶100 的斜度。把楔键打入轴和轮毂槽内时，其表面产生很大的预紧力，工作时主要靠摩擦力传递转矩，并能承受单方向的轴向力。其缺点是会迫使轴和轮毂产生偏心，仅适用于对定心精度要求不高、载荷平稳和低速的连接。楔键又分为普通楔键和钩头楔键两种。

4）切向键。切向键是由一对楔键组成，能传递很大的转矩，常用于重型机械设备中。

5）花键。花键是在轴和轮毂孔周向均布多个键齿构成的，称为花键连接。花键连接为多齿工作，工作面为齿侧面，其承载能力强，对中性和导向性好，对轴和毂的强度削弱小，适用于定心精度要求高、载荷大和经常滑移的静连接和动连接，如变速器中，滑动齿轮与轴的连接。按齿形不同，花键连接可分为矩形花键、三角形花键和渐开线花键等。

二、键槽的快捷绘制

1）在轴上或孔内加工出一条与键相配的槽，用来安装键，以传递转矩，这种槽称为键槽。

2）键槽命令 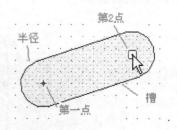。使用该命令，通过选择两个点定义半径或直径，来创建一个二维槽。拖动并定位第二个点时预览回应会进行动态更新，如图 3-6-2 所示。

第一中心点——选择定位槽口中心的第一个点。

第二中心点——选择定位槽口中心的第二个点。

半径/直径——选择定义槽口直径大小的输入类型。

图 3-6-2

三、标准键槽尺寸（表 3-6-1）

表 3-6-1　标准键槽尺寸　　　　　　　　　　　　　（单位：mm）

序号	直径 D	键宽 b	键高	铸铁轮毂		钢轮毂	
				轴槽深 t_1	轮毂槽深 t_2	轴槽深 t_1	轮毂槽深 t_2
1	5~7	2	2	1.1	1		
2	7~10	3	3	2	1.1		
3	10~14	4	4	2.5	1.6		
4	14~18	5	5	3	2.1	3.2	1.9
5	18~24	6	6	3.5	2.6	3.8	2.3
6	24~30	8	7	4	3.1	4.5	2.6
7	30~36	10	8	4.5	3.6	5.2	2.9
8	36~42	12	8	4.5	3.6	5.2	2.9
9	42~48	14	9	5	4.1	5.8	3.3
10	48~55	16	10	5.1	5	6.5	3.6
11	55~65	18	11	5.5	5.6	7.1	4
12	65~75	20	12	6	6.1	7.8	4.3
13	75~90	24	14	7	7.2	9	5.2
14	90~105	28	16	8	8.2	10.3	5.9
15	105~120	32	18	9	9.2	11.5	6.7
16	120~140	36	20	10	10.2	12.8	7.4

 任务实施

活动一　输入轴三维建模

测量零件并用中望 3D 软件完成活塞杆三维建模，如图 3-6-3 所示。

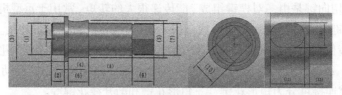

图 3-6-3

1）创建零件文件。单击【新建】工具图标 📄，弹出"新建文件"对话框，输入零件名称"输入轴"，如图 3-6-4 所示。单击【确定】按钮进入建模界面。

图 3-6-4

2）使用游标卡尺测量图 3-6-3 中（1）处直径尺寸，如图 3-6-5 所示。
3）使用游标卡尺测量图 3-6-3 中（2）处长度尺寸，如图 3-6-6 所示。

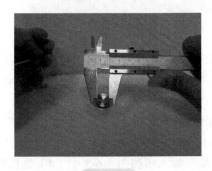

图 3-6-5

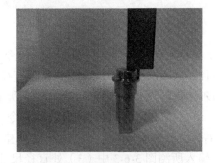

图 3-6-6

4）使用游标卡尺测量图 3-6-3 中（3）处直径尺寸，如图 3-6-7 所示。
5）使用游标卡尺测量图 3-6-3 中（4）处长度尺寸，如图 3-6-8 所示。

图 3-6-7

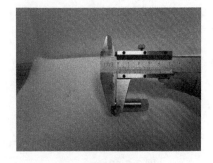

图 3-6-8

6）使用游标卡尺测量图 3-6-3 中（5）处直径尺寸，如图 3-6-9 所示。
7）使用游标卡尺测量图 3-6-3 中（6）处长度尺寸，由于不易测量，需要采用间接测量之后计算出来，由于键槽与前一段圆柱特征相切，因此需要将键槽长度加上与另一侧边缘的距离，如图 3-6-10 所示。

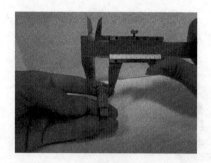

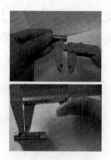

图 3-6-9　　　　　　　　　　　　　　　图 3-6-10

8）使用游标卡尺测量图 3-6-3 中（7）处直径尺寸，如图 3-6-11 所示。

9）使用游标卡尺测量图 3-6-3 中（8）处长度尺寸，如图 3-6-12 所示。

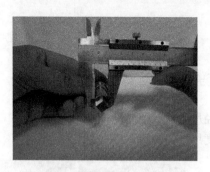

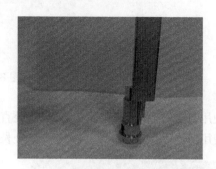

图 3-6-11　　　　　　　　　　　　　　　图 3-6-12

10）拉伸圆柱体。单击"圆柱体"命令 ，弹出"圆柱体"对话框，"中心"选择坐标原点，"直径"输入所测图 3-6-3 中（1）处直径尺寸，"长度"输入所测图 3-6-3 中（2）处长度尺寸，"布尔运算"为"基体"，如图 3-6-13 所示。

11）重复圆柱体。单击"圆柱体"命令 ，弹出"圆柱体"对话框，选择"中心"时，单击鼠标右键，选择 曲率中心，单击上一步建立好的模型的轮廓，选择轮廓的圆心为"中心"，"直径"输入所测图 3-6-3 中（3）处直径尺寸，"长度"输入所测图 3-6-3 中（4）处长度尺寸，"布尔运算"为"加运算"，如图 3-6-14 所示。

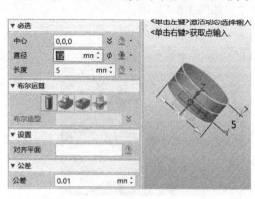

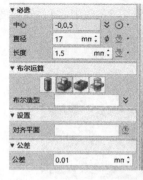

图 3-6-13　　　　　　　　　　　　　　　图 3-6-14

12）重复上一步骤，"直径"输入所测图 3-6-3 中（5）处直径尺寸，"长度"输入所测图 3-6-3 中（6）处长度尺寸，"布尔运算"为"加运算"，如图 3-6-15 所示。

13）重复上一步骤，"直径"输入所测图 3-6-3 中（7）处直径尺寸，"长度"输入所测图 3-6-3 中（8）处长度尺寸，"布尔运算"为"加运算"，如图 3-6-16 所示。

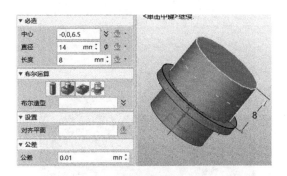

图 3-6-15

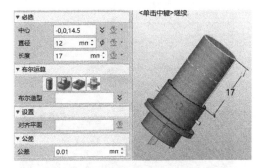

图 3-6-16

14）使用游标卡尺测量图 3-6-3 中（9）处长度尺寸，如图 3-6-17 所示。

15）使用游标卡尺测量图 3-6-3 中（10）处长度尺寸，如图 3-6-18 所示。

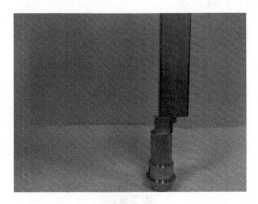

图 3-6-17

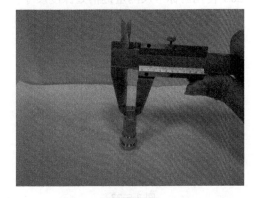

图 3-6-18

16）拉伸实体。单击"草图"命令，弹出"草图"对话框，单击第 13）步创建的实体端面创建草图，进入"草图"环境后，绘制所测得图 3-6-3 中（10）处轮廓曲线，这时要注意方形轴与键槽的相对方向，如图 3-6-19 所示。绘制完成后退出草图环境，单击"拉伸"命令，"拉伸类型"为"1 边"，"结束点 E"输入所测得图 3-6-3 中（9）处的长度尺寸，使用"布尔运算"→"加运算"拉伸特征，如图 3-6-20 所示。

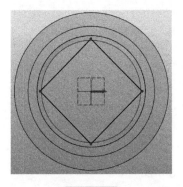

图 3-6-19

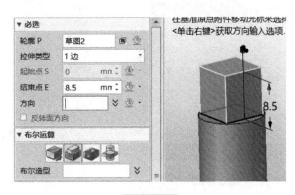

图 3-6-20

17）使用游标卡尺测量图 3-6-3 中（11）处长度尺寸，如图 3-6-21 所示。

18）使用游标卡尺测量图 3-6-3 中（12）处直径尺寸，如图 3-6-22 所示。

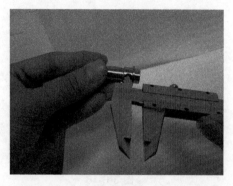

图 3-6-21

图 3-6-22

19）使用游标卡尺测量图 3-6-3 中（13）处长度尺寸，如图 3-6-23 所示。

20）使用游标卡尺测量键槽处深度尺寸，如图 3-6-24 所示。

图 3-6-23

图 3-6-24

21）拉伸实体。单击"草图"命令，弹出"草图"对话框，单击 XZ 或 YZ 创建草图，进入"草图"环境后，绘制所测得图 3-6-3 中（11）、（12）、（13）处轮廓曲线，如图 3-6-25 所示。绘制完成后退出草图环境，单击"拉伸"命令，"拉伸类型"为"2 边"，"起始点 S"输入所测得图 3-6-3 中（5）处的半径尺寸，"结束点 E"输入所测得键槽处深度尺寸，使用"布尔运算"→"减运算"拉伸特征，如图 3-6-26 所示。

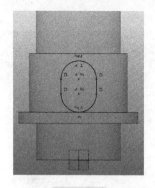

图 3-6-25

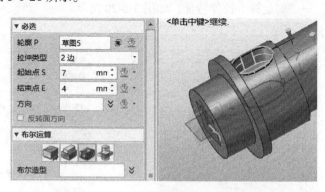

图 3-6-26

活动二　三维模型转 2D 工程图

完成三维建模之后转换 2D 工程图，如图 3-6-27 所示。

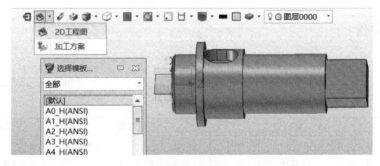

图 3-6-27

选择模板为默认，单击【确定】进入视图布局界面，如图 3-6-28 所示。

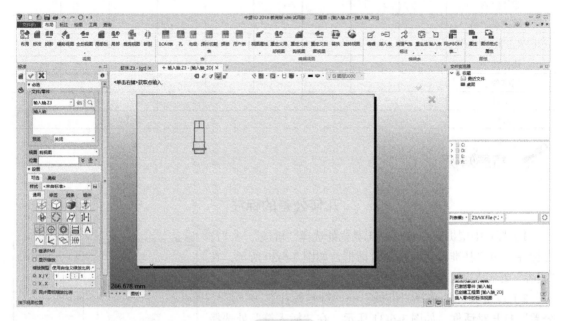

图 3-6-28

活动三　2D 工程图表达

图幅选择、视图摆放如图 3-6-29 所示。

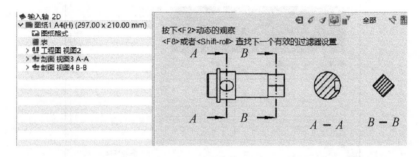

图 3-6-29

考核评价

任务评价表

班级_____　　　　　　　　　　　　小组号_____

姓名_____　　　　　　　　　　　　学　号_____

项目	自我评价			小组评价			教师评价		
	10~9	8~6	5~1	10~9	8~6	5~1	10~9	8~6	5~1
	占总评 10%			占总评 30%			占总评 60%		
指定工作计划									
绘制零件分工									
零件检测									
三维建模绘制									
视图表达学习主动性									
协作精神									
纪律观念									
小计									
总评									

 拓展知识

几何公差的标注

1）打开中望机械 CAD，在工具栏处选择"机械"→"符号标注"→"基准标注"打开对话框，如图 3-6-30 所示，在"内容"处输入基准符号，单击【确定】在图上放置。

2）在工具栏处选择"机械"→"符号标注"→"形位公差"打开对话框，如图 3-6-31 所示，在"插入符"处选择插入常用符号，在"基本尺寸"处输入被标图元的尺寸，在"公差等级"处选择等级，会自行生成公差值，在"符号"处选择几何公差的类型，在"基准"处输入基准符号，单击【确定】即可放置在所需标注的位置。

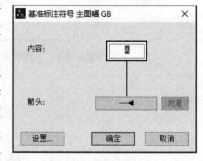

图 3-6-30

图 3-6-31

课后练习

请结合所学知识，熟悉几何公差的标注，查询几何公差标注的国家标准。

 职业素养：绿色发展、保护环境

在机械加工领域，零件的公差等级直接决定着零件的精度和使用性能。随着精度的提高，零件的加工难度会增大，生产成本也会随之变高。因此在本任务中测绘（输入轴标注其零件尺寸精度、几何公差）时，对于精度和生产成本之间的关系，应在满足产品使用的前提下，尽可能选择耗能低、成本低的产品方案，建立绿色发展的理念。

习近平总书记强调，绿色发展是生态文明建设的必然要求，代表了当今科技和产业变革方向；生态文明发展面临日益严峻的环境问题，需要依靠科技创新破解绿色发展难题，形成人与自然和谐发展新格局；依靠更多更好的科技创新建设天蓝、地绿、水清的美丽中国，并在第九次全国生态环境保护大会上提出要加强科技支撑，推进绿色低碳科技自立自强。

近年来，中共中央加强了对生态文明建设中科技工作的领导，统筹推进自然生态领域科技改革，组织实施重大科研攻关，打造自然生态领域国家战略科技力量，取得了一批重要科研成果，为我国生态文明建设发生历史性、转折性、全局性变化提供了科技支撑。

任务 3-7　输出轴的建模与生成二维图

 任务描述

齿轮连冲运动机构由若干个装配在一起的零件组成。学生通过对输出轴（图 3-7-1）的学习和训练，完成相关项目，掌握轴公差的选用，逐步培养绘图能力，为今后学习和社会实践打下坚实的基础。

图 3-7-1

 知识目标

- 掌握轴公差的选用方法

 能力目标

- 学会根据不同轴类零件进行公差选择

 相关知识

孔、轴配合公差：

1）配合公差是指组成配合的孔、轴公差之和。它是允许间隙或过盈的变动量。孔和轴的公差带大小和公差带位置组成了配合公差。孔和轴配合公差的大小表示孔和轴的配合精度。孔和轴配合公差带的大小和位置表示孔和轴的配合精度和配合性质。

2）选用原则为经济、满足使用要求。

① 基准制的选用。优先选用基孔制（表 3-7-1）。与标准件相配合时，基准制的选用由标准件而定。与标准孔配合则选用基孔制，与标准轴配合则选用基轴制（表 3-7-2）。同一基本尺寸的孔（轴）与多件轴（孔）配合时，应当选用基孔（轴）制。

表 3-7-1　基孔制优先与常用配合（GB/T 1800.1—2020）

基准孔	轴公差带代号																
	b	c	d	e	f	g	h	js	k	m	n	p	r	s	t	u	x
	间隙配合							过渡配合			过盈配合						
H6						H6/g5	H6/h5	H6/js5	H6/k5	H6/m5	H6/n5	H6/p5					
H7					H7/f6	H7/g6	H7/h6	H7/js6	H7/k6	H7/m6	H7/n6	H7/p6	H7/r6	H7/s6	H7/t6	H7/u6	H7/x6
H8				H8/e7	H8/f7		H8/h7	H8/js7	H8/k7	H8/m7				H8/s7		H8/u7	
H8			H8/d8	H8/e8	H8/f8		H8/h8										
H9			H9/d8	H9/e8	H9/f8		H9/h8										
H10	H10/b9	H10/c9	H10/d9	H10/e9			H10/h9										
H11	H11/b11	H11/c11	H11/d10				H11/h10										

注：常用配合 45 种，其中优先配合（红色字）16 种。

表 3-7-2　基轴制优先与常用配合（GB/T 1800.1—2020）

基准轴	孔公差带代号																
	B	C	D	E	F	G	H	JS	K	M	N	P	R	S	T	U	X
	间隙配合							过渡配合			过盈配合						
h5						G6/h5	H6/h5	JS6/h5	K6/h5	M6/h5	N6/h5	P6/h5					
h6					F7/h6	G7/h6	H7/h6	JS7/h6	K7/h6	M7/h6	N7/h6	P7/h6	R7/h6	S7/h6	T7/h6	U7/h6	X7/h6
h7				E8/h7	F8/h7		H8/h7										
h8			D9/h8	E9/h8	F9/h8		H9/h8										
h9				E8/h9	F8/h9		H8/h9										
h9			D9/h9	E9/h9	F9/h9		H9/h9										
h9	B11/h9	C10/h9	D10/h9				H10/h9										

注：常用配合 38 种，其中优先配合（红色字）18 种。

② 公差等级的选用：在保证使用要求的前提下，尽量选用较低的公差等级，以降低成本；当公差等级小于 IT8 时，孔比轴低一级相配合，例：H7/f6，P6/h5 等；当公差等级 =IT8 时，孔和轴可以同级配合，也可以孔比轴低一级配合，例：H8/f7，H8/d8 等；当公差等级大于 IT8 时，孔和轴同级配合，例：H11/c11，D9/h9 等。

3）配合种类的选用：装配后有相对运动，应选用间隙配合；装配后有定位精度要求或需要拆卸，应选用过渡配合，间隙和过盈要小；装配后要传递载荷的，应选用过盈配合。选用公差带时，按优先公差带、常用公差带、一般公差带的次序进行选用；选用配合时，按优先配合、常用配合的次序进行选用。

 任务实施

活动一　输出轴三维建模

测量零件并用中望 3D 软件完成输出轴三维建模，如图 3-7-2 所示。

1）创建零件文件：单击【新建】工具图标，弹出"新建文件"对话框，输入零件名称"输出轴"，如图 3-7-3 所示。单击【确定】按钮进入建模界面。

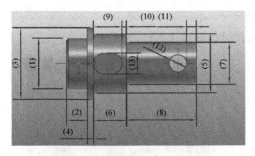

图 3-7-2　　　　　　　　　　　　　图 3-7-3

2）使用游标卡尺测量图 3-7-2 中（1）处直径尺寸，如图 3-7-4 所示。

3）使用游标卡尺测量图 3-7-2 中（2）处长度尺寸，如图 3-7-5 所示。

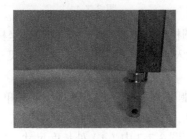 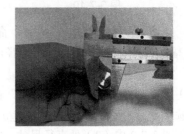

图 3-7-4　　　　　　　　　　　　　图 3-7-5

4）使用游标卡尺测量图 3-7-2 中（3）处直径尺寸，如图 3-7-6 所示。

5）使用游标卡尺测量图 3-7-2 中（4）处长度尺寸，如图 3-7-7 所示。

图 3-7-6　　　　　　　　　　　　　图 3-7-7

6）使用游标卡尺测量图 3-7-2 中（5）处直径尺寸，如图 3-7-8 所示。

7）使用游标卡尺测量图 3-7-2 中（6）处长度尺寸，由于不易测量，需要间接测量来计算出来，可将图 3-7-2 中（6）加图 3-7-2 中（8）处的尺寸量出，再减去图 3-7-2 中（8）处的尺寸，如图 3-7-9 所示。

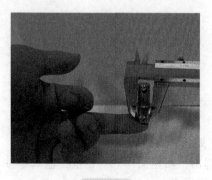

图 3-7-8

图 3-7-9

8）使用游标卡尺测量图 3-7-2 中（7）处直径尺寸，如图 3-7-10 所示。

9）使用游标卡尺测量图 3-7-2 中（8）处长度尺寸，如图 3-7-11 所示。

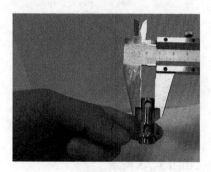

图 3-7-10

图 3-7-11

10）拉伸圆柱体。单击"圆柱体"命令 ，弹出"圆柱体"对话框，"中心"选择坐标原点，"直径"输入所测图 3-7-2 中（1）处直径尺寸，"长度"输入所测图 3-7-2 中（2）处长度尺寸，"布尔运算"为"基体"，如图 3-7-12 所示。

11）重复圆柱体。单击"圆柱体"命令 ，弹出"圆柱体"对话框，选择中心时单击鼠标右键，选择 ⊙ 曲率中心 ，单击上一步建立好的模型的轮廓，选择轮廓的圆心为"中心"，"直径"输入所测图 3-7-2 中（3）处直径尺寸，"长度"输入所测图 3-7-2 中（4）处长度尺寸，"布尔运算"为"加运算"，如图 3-7-13 所示。

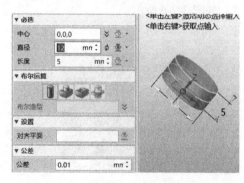

图 3-7-12

图 3-7-13

12）重复上一步骤，"直径"输入所测图 3-7-2 中（5）处直径尺寸，"长度"输入所测图 3-7-2 中（6）处长度尺寸，"布尔运算"为"加运算"，如图 3-7-14 所示。

13）重复上一步骤，"直径"输入所测图 3-7-2 中（7）处直径尺寸，"长度"输入所测图 3-7-2 中（8）处长度尺寸，"布尔运算"为"加运算"，如图 3-7-15 所示。

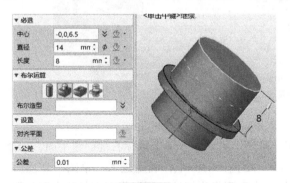

图 3-7-14

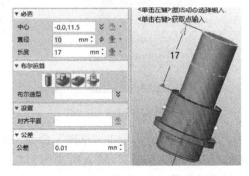

图 3-7-15

14）使用游标卡尺测量图 3-7-2 中（9）处长度尺寸，如图 3-7-16 所示。

15）使用游标卡尺测量图 3-7-2 中（10）处长度尺寸，如图 3-7-17 所示。

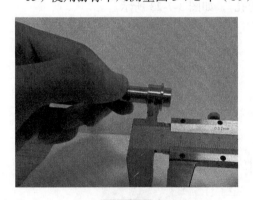

图 3-7-16

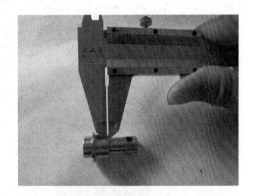

图 3-7-17

16）使用游标卡尺测量图 3-7-2 中（13）处直径尺寸，如图 3-7-18 所示。

17）使用游标卡尺测量键槽深度尺寸，如图 3-7-19 所示。

图 3-7-18

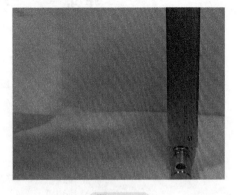

图 3-7-19

18）拉伸实体。单击"草图"命令，弹出"草图"对话框，单击 XZ 或 YZ 创建草图，进入"草图"环境后，绘制所测得图 3-7-2 中（9）、（10）、（13）处轮廓曲线，如图 3-7-19 所示。绘制完成后退出草图环境，单击"拉伸"命令，"拉伸类型"为"2 边"，"起始点 S"输入所测得图 3-7-2 中（5）处的半径尺寸，"结束点 E"输入所测得键槽深度尺寸，使用"布尔运算"→"减运算"拉伸特征，如图 3-7-21 所示。

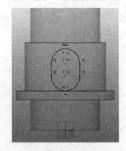

图 3-7-20

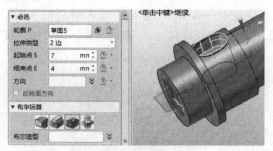

图 3-7-21

19）内螺纹孔。单击"草图"命令，弹出"草图"对话框，单击鼠标右键创建平面，选择键槽绘制平面，"偏移"输入所测图 3-7-2 中（7）处直径的一半，确定进入"草图"环境后，绘制所测得图 3-7-2 中（11）、（12）处轮廓曲线，由于测得为螺纹，所以作图直径往大取整数，如图 3-7-22 所示。绘制完成后退出草图环境，单击"孔"命令，"类型"为"螺纹孔"，"位置"选择所绘草图圆心，"孔造型"为"简单孔"，螺纹处设置螺纹相关尺寸，"深度类型"为"完整"，"孔尺寸"为"默认"，"结束端"选择"通孔"，如图 3-7-23 所示。

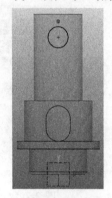

图 3-7-22

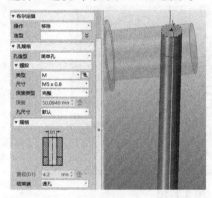

图 3-7-23

活动二　三维模型转 2D 工程图

完成三维建模之后，转换 2D 工程图，如图 3-7-24 所示。

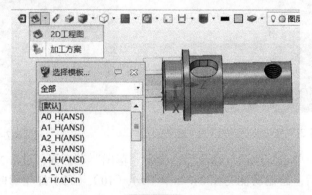

图 3-7-24

选择模板为默认，单击【确定】进入视图布局界面，如图 3-7-25 所示。

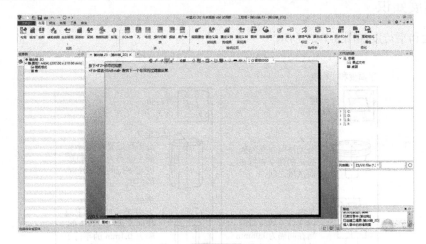

图 3-7-25

活动三　2D 工程图表达

图幅选择、视图摆放如图 3-7-26 所示。

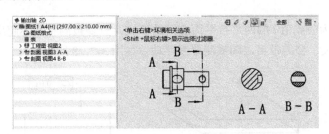

图 3-7-26

 考核评价

任务评价表

班级_____　　　　　　　　　　　　　小组号_____

姓名_____　　　　　　　　　　　　　学　号_____

项目	自我评价			小组评价			教师评价		
	10~9	8~6	5~1	10~9	8~6	5~1	10~9	8~6	5~1
	占总评 10%			占总评 30%			占总评 60%		
指定工作计划									
绘制零件分工									
零件检测									
三维建模绘制									
视图表达学习主动性									
协作精神									
纪律观念									
小计									
总评									

拓展知识

平面度和平行度如图 3-7-27 所示。

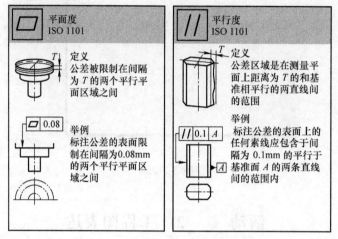

图 3-7-27

1. 平面度

公差带是距离为公差值 t 的两平行平面之间的区域，只要被测平面不超出该区域即为合格。被测要素与基准无关，公差带可以随被测要素浮动。如图 3-7-28 所示。

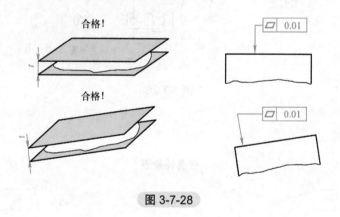

图 3-7-28

2. 平行度

公差带是距离为公差值 t 且平行于基准平面的两平行平面之间的区域。如图 3-7-29 所示。

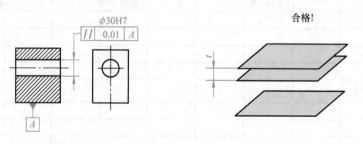

图 3-7-29

课后练习

请结合所学知识，熟练几何公差的标注，以及查询几何公差标注的国家标准。

任务 3-8　缸体的建模与生成二维图

任务描述

齿轮连冲运动机构由若干个装配在一起的零件组成。学生通过对缸体（图3-8-1）的学习和训练，完成相关项目，掌握阵列功能的应用方法，逐步培养绘图能力，为今后学习和社会实践打下坚实的基础。

图 3-8-1

知识目标

● 阵列功能的应用

能力目标

● 掌握阵列功能的应用

相关知识

一、在草图里的阵列

使用 ⊞ ⚙ ∿ 命令，可将草图/工程图中的实体进行阵列，包括线性阵列、圆形阵列和沿曲线阵列，如图3-8-2所示。

1）基体。选择要阵列的实体。草图环境中不能选择标注与约束进行阵列，但是阵列时会自动将所选几何对象内部的标注和约束（非固定约束）进行阵列。

2）方向/方向2。线性阵列时，需指定阵列方向。可选择两个非平行的方向进行阵列。

3）圆心。圆形阵列时，需指定圆形的中心点。

4）曲线。沿曲线阵列时，需指定阵列的参考曲线。

5）间距方式。可以通过三种方式定义阵列的数量和间距。对线性阵列而言，第一种方式是直接输入沿该方向阵列的数量和每个实体间的

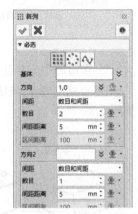

图 3-8-2

间距值；第二种方式是指定阵列的最大距离区间及阵列的数量，自动计算出合适的间距值；第三种方式是指定阵列的最大距离区间及间距，自动计算出能够阵列的数量。对圆形阵列而言，

间距指实体间的角度间距；区间指阵列的角度区间。

6）数目。输入阵列的数目。

7）间距。输入实体间的距离或角度。

8）区间。输入阵列的最大距离或角度区间。

二、在三维建模里的阵列

1）阵列几何体 ▦。使用此命令，可对外形、面、曲线、点、文本、草图、基准面等任意组合进行阵列。支持 7 种不同类型的阵列，每种方法都需要不同类型的输入。

2）阵列特征 ❀。使用此命令，可对特征进行阵列。支持 7 种不同类型的阵列，每种方法都需要不同类型的输入。

3）下面列出常用的阵列方式：

① 线性 ❀。该法可创制单个或多个对象的线性阵列，如图 3-8-3 所示。

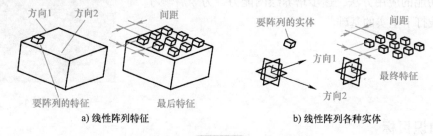

a) 线性阵列特征　　　　　　　　　　b) 线性阵列各种实体

图 3-8-3

② 圆形 ❀。该法可创制单个或多个对象的圆形阵列，如图 3-8-4 所示。

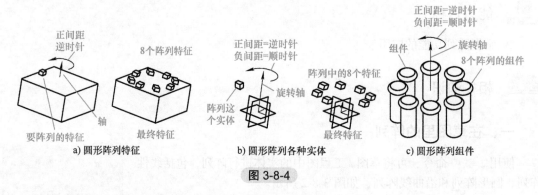

a) 圆形阵列特征　　　　b) 圆形阵列各种实体　　　　c) 圆形阵列组件

图 3-8-4

③ 多边形 ❀。该法可创制单个或多个对象的多边形阵列。

④ 点到点 ❀。该法可创制单个或多个对象的不规则阵列，可将任何实体阵列到所选点上，如图 3-8-5 所示。

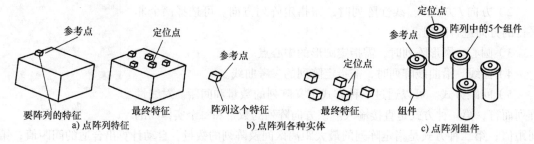

a) 点阵列特征　　　　b) 点阵列各种实体　　　　c) 点阵列组件

图 3-8-5

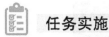

任务实施

活动一　缸体三维建模

测量零件并用中望 3D 软件完成活塞杆三维建模，如图 3-8-6 所示。

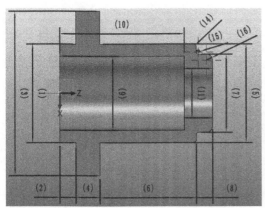
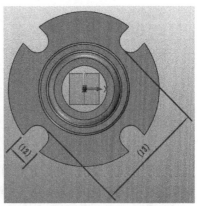

图 3-8-6

1）创建零件文件：单击【新建】工具图标，弹出"新建文件"对话框，输入零件名称"缸体"，如图 3-8-7 所示。单击【确定】按钮进入建模界面。

2）使用游标卡尺测量图 3-8-6 中（1）处直径尺寸，如图 3-8-8 所示。

3）使用游标卡尺测量图 3-8-6 中（2）处长度尺寸，如图 3-8-9 所示。

4）使用游标卡尺测量图 3-8-6 中（3）处直径尺寸，如图 3-8-10 所示。

5）使用游标卡尺测量图 3-8-6 中（4）处长度尺寸，如图 3-8-11 所示。

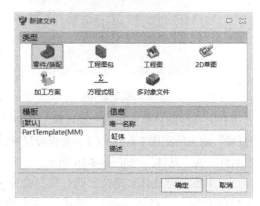

图 3-8-7

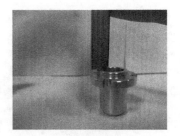

图 3-8-8　　　　　　　　　图 3-8-9

6）使用游标卡尺测量图 3-8-6 中（5）处直径尺寸，如图 3-8-12 所示。

7）使用游标卡尺测量图 3-8-6 中（6）处长度尺寸，如图 3-8-13 所示。

图 3-8-10

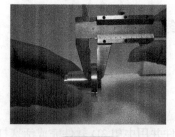

图 3-8-11

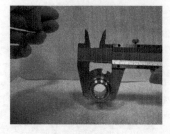

图 3-8-12

图 3-8-13

8）使用游标卡尺测量图 3-8-6 中（7）处直径尺寸，如图 3-8-14 所示。

9）使用游标卡尺测量图 3-8-6 中（8）处长度尺寸，如图 3-8-15 所示。

图 3-8-14

图 3-8-15

10）拉伸圆柱体。单击"圆柱体"命令 ，弹出"圆柱体"对话框，"中心"选择坐标原点，"直径"输入所测图 3-8-6 中（1）处直径尺寸，"长度"输入所测图 3-8-6 中（2）处长度尺寸，"布尔运算"为"基体"，如图 3-8-16 所示。

11）重复圆柱体。单击"圆柱体"命令 ，弹出"圆柱体"对话框，选择"中心"时，单击鼠标右键，选择 曲率中心，单击上一步建立好的模型的轮廓，选择轮廓的圆心为"中心"，"直径"输入所测图 3-8-6 中（3）处直径尺寸，"长度"输入所测图 3-8-6 中（4）处长度尺寸，"布尔运算"为"加运算"，如图 3-8-17 所示。

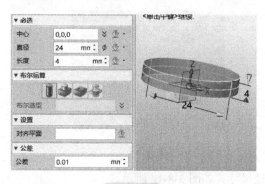

图 3-8-16

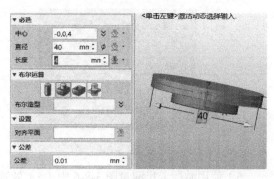

图 3-8-17

12）重复上一步骤，"直径"输入所测图3-8-6中（5）处直径尺寸，"长度"输入所测图3-8-6中（6）处长度尺寸，"布尔运算"为"加运算"，如图3-8-18所示。

13）重复上一步骤，"直径"输入所测图3-8-6中（7）处直径尺寸，"长度"输入所测图3-8-6中（8）处长度尺寸，"布尔运算"为"加运算"，如图3-8-19所示。

图 3-8-18

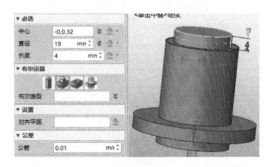

图 3-8-19

14）使用游标卡尺测量图3-8-6中（9）处直径尺寸，如图3-8-20所示。

15）使用游标卡尺测量图3-8-6中（10）处长度尺寸，如图3-8-21所示。

图 3-8-20

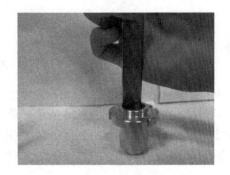

图 3-8-21

16）使用游标卡尺测量图3-8-6中（11）处直径尺寸，如图3-8-22所示。

17）拉伸圆柱体。单击"圆柱体"命令，弹出"圆柱体"对话框，"中心"选择坐标原点，"直径"输入所测图3-8-6中（9）处直径尺寸，"长度"输入所测图3-8-6中（10）处长度尺寸，"布尔运算"为"减运算"，如图3-8-23所示。

图 3-8-22

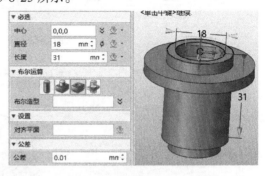

图 3-8-23

18）重复圆柱体。单击"圆柱体"命令，弹出"圆柱体"对话框，"中心"选择时单击鼠标右键，选择坐标原点，"直径"输入所测图3-8-6中（11）处直径尺寸，"长度"在右边的下拉菜单中，选择"目标点"，如图3-8-24所示。"布尔运算"为"减运算"，如图3-8-25所示。

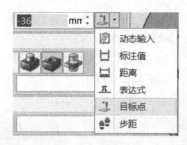
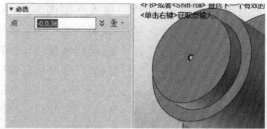

图 3-8-24

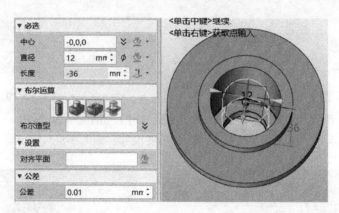

图 3-8-25

19）倒角与圆角。单击"倒角"命令 🔩，弹出"倒角"对话框，选择需要倒角的边，"倒角距离 S"输入"0.5"，如图 3-8-26 所示。单击"圆角"命令 🔩，弹出"圆角"对话框，选择需要倒圆角的边，"半径 R"输入"0.5"，如图 3-8-27 所示。重复"圆角"命令，选择需要圆角的另一条边，"半径 R"输入"1.5"，完成零件三维建模。

图 3-8-26

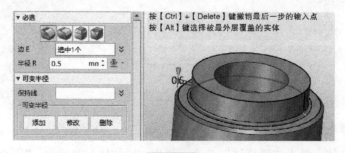

图 3-8-27

20）使用游标卡尺测量图 3-8-6 中（12）处直径尺寸，如图 3-8-28 所示。

21）使用游标卡尺测量图 3-8-6 中（13）处长度尺寸，如图 3-8-29 所示。

图 3-8-28

图 3-8-29

22）拉伸实体。单击"草图"命令，弹出"草图"对话框，单击第 9）步创建的实体端面创建草图，绘制所测得图 3-8-6 中（12）、（13）处轮廓曲线，这时要使用阵列功能，如图 3-8-30 所示。绘制完成后退出草图环境，单击"拉伸"命令，"拉伸类型"为"1 边"，"结束点 E"处下拉菜单选择"到面"，使用"布尔运算"→"减运算"拉伸特征，如图 3-8-31 所示。

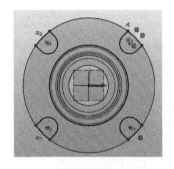

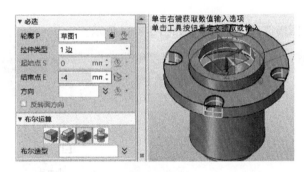

图 3-8-30

图 3-8-31

活动二　三维模型转 2D 工程图

完成三维建模之后，转换 2D 工程图，如图 3-8-32 所示。

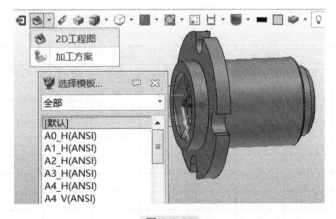

图 3-8-32

选择模板为默认，单击【确定】进入视图布局界面，如图 3-8-33 所示。

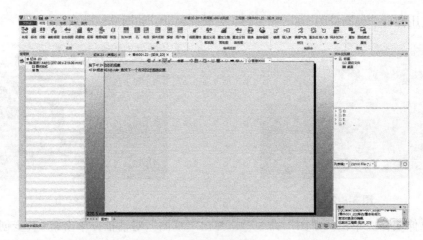

图 3-8-33

活动三　2D 工程图表达

图幅选择、视图摆放如图 3-8-34 所示。

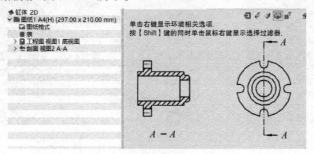

图 3-8-34

 考核评价

任务评价表

班级＿＿＿＿＿＿　　　　　　　　　　　小组号＿＿＿＿＿＿

姓名＿＿＿＿＿＿　　　　　　　　　　　学　号＿＿＿＿＿＿

项目	自我评价			小组评价			教师评价		
	10~9	8~6	5~1	10~9	8~6	5~1	10~9	8~6	5~1
	占总评 10%			占总评 30%			占总评 60%		
指定工作计划									
绘制零件分工									
零件检测									
三维建模绘制									
视图表达学习主动性									
协作精神									
纪律观念									
小计									
总评									

拓展知识

同轴度和对称度

关于同轴度和对称度的相关概念如图 3-8-35 所示。

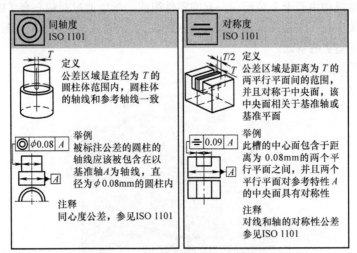

图 3-8-35

1. 同轴度（图 3-8-36）

公差带是直径为公差值 t 的圆柱面内的区域，该圆柱面的轴线与基准轴线同轴。

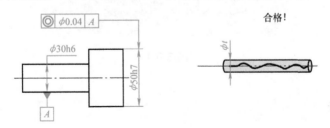

图 3-8-36

2. 对称度（图 3-8-37）

公差带是距离为公差值 t 且相对于基准轴线对称配置的两平行平面之间的区域。

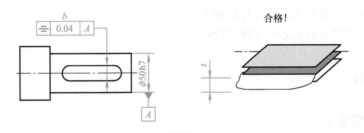

图 3-8-37

课后练习

请结合所学知识，完成缸体二维零件图的标注。

任务 3-9　偏心套的建模与生成二维图

 任务描述

　　齿轮连冲运动机构由若干个装配在一起的零件组成。学生通过对偏心套（图 3-9-1）的学习和训练，完成相关项目，掌握局部剖视图与向视图的绘制方法，逐步培养绘图能力，为今后学习和社会实践打下坚实的基础。

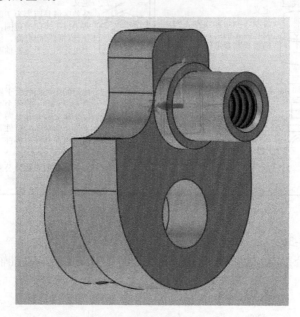

图 3-9-1

 知识目标

- 了解偏心距的概念

 能力目标

- 学会利用量具进行偏心类零件的测绘
- 学会利用软件进行偏心类零件的绘制

📖 **相关知识**

偏心距的概念：

　　1）偏心距是指偏心受力构件中轴向力作用点至截面形心的距离。如对心曲柄滑块机构，曲柄（或曲轴、偏心轮）与连接件连接的两个特征之间的直线距离。

　　2）偏心距长度的 2 倍就是滑块的行程。

　　3）了解偏心距，有助于以后学习装配图。

任务实施

活动一　偏心套三维建模

测量零件并用中望 3D 软件完成偏心套三维建模，如图 3-9-2 所示。

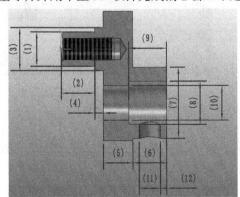 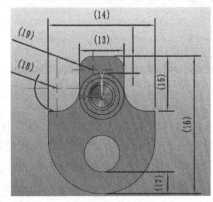

图 3-9-2

1）创建零件文件：单击【新建】工具图标，弹出"新建文件"对话框，输入零件名称"偏心套"，如图 3-9-3 所示。单击【确定】按钮进入建模界面。

图 3-9-3

2）使用游标卡尺测量图 3-9-2 中（1）处直径尺寸，如图 3-9-4 所示。

3）使用游标卡尺测量图 3-9-2 中（2）处长度尺寸，如图 3-9-5 所示。

 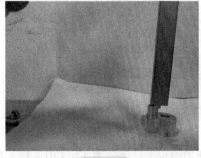

图 3-9-4　　　　　　　图 3-9-5

4）使用游标卡尺测量图 3-9-2 中（3）处直径尺寸，如图 3-9-6 所示。

5）使用游标卡尺测量图 3-9-2 中（4）处长度尺寸，如图 3-9-7 所示。

图 3-9-6

图 3-9-7

6）拉伸圆柱体。单击"圆柱体"命令 ，弹出"圆柱体"对话框，"中心"选择坐标原点，"直径"输入所测图 3-9-2 中（1）处直径尺寸，"长度"输入所测图 3-9-2 中（2）处长度尺寸，"布尔运算"为"基体"，如图 3-9-8 所示。

7）重复圆柱体。单击"圆柱体"命令 ，弹出"圆柱体"对话框，选择"中心"时，单击鼠标右键选择 曲率中心 ，单击上一步建立好的模型轮廓，选择轮廓的圆心为"中心"，"直径"输入所测图 3-9-2 中（3）处直径尺寸，"长度"输入所测图 3-9-2 中（4）处长度尺寸，"布尔运算"为"加运算"，如图 3-9-9 所示。

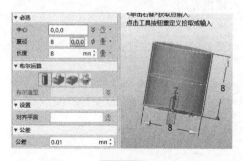

图 3-9-8

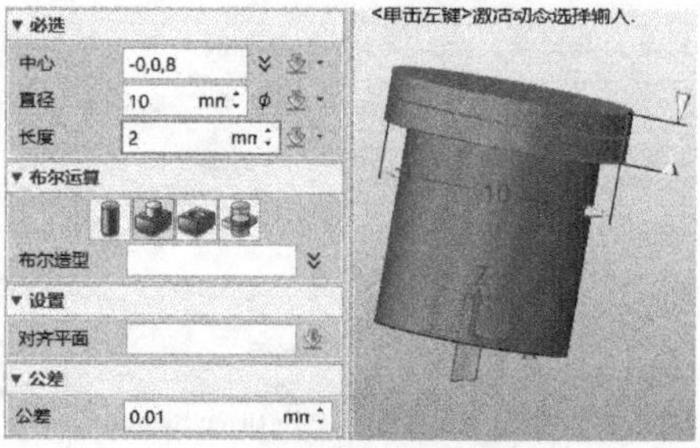

图 3-9-9

8）使用游标卡尺测量图 3-9-2 中（12）处长度尺寸，如图 3-9-10 所示。

9）使用游标卡尺测量图 3-9-2 中（13）处宽度尺寸，如图 3-9-11 所示。

图 3-9-10

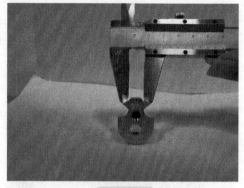

图 3-9-11

10）使用游标卡尺测量图 3-9-2 中（14）处宽度尺寸，如图 3-9-12 所示。

11）使用游标卡尺测量图 3-9-2 中（15）处长度尺寸，如图 3-9-13 所示。

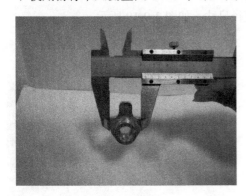

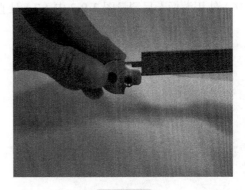

图 3-9-12　　　　　　　　　　　图 3-9-13

12）使用游标卡尺测量图 3-9-2 中（16）处长度尺寸，如图 3-9-14 所示。

13）使用游标卡尺测量图 3-9-2 中（5）处厚度尺寸，如图 3-9-15 所示。

图 3-9-14　　　　　　　　　　　图 3-9-15

14）拉伸实体。单击"草图"命令 ，弹出"草图"对话框，单击第 7）步中圆柱的端面作为平面创建草图，进入"草图"环境后，绘制所测得图 3-9-2 中（12）、（13）、（14）、（15）、（16）处轮廓曲线，如图 3-9-16 所示。绘制完成后退出草图环境，单击"拉伸"命令 ，"拉伸类型"为"1 边"，"结束点 E"输入所测得图 3-9-2 中（5）处的厚度尺寸，使用"布尔运算"→"加运算"拉伸特征，如图 3-9-17 所示。

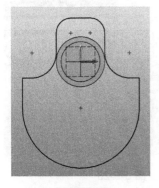

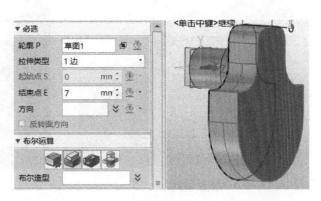

图 3-9-16　　　　　　　　　　　图 3-9-17

15）使用游标卡尺测量图 3-9-2 中（6）处长度尺寸，如图 3-9-18 所示。

16）使用游标卡尺测量图 3-9-2 中（7）处直径尺寸，如图 3-9-19 所示。

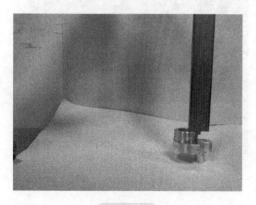

图 3-9-18

图 3-9-19

17）使用游标卡尺测量图 3-9-2 中（8）处直径尺寸，如图 3-9-20 所示。

18）使用游标卡尺测量图 3-9-2 中（9）处深度尺寸，如图 3-9-21 所示。

图 3-9-20

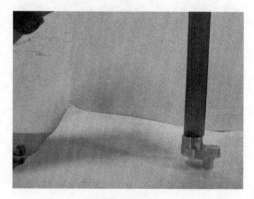

图 3-9-21

19）使用游标卡尺测量图 3-9-2 中（10）处直径尺寸，如图 3-9-22 所示。

20）使用游标卡尺测量图 3-9-2 中（17）处长度尺寸，如图 3-9-23 所示。

图 3-9-22

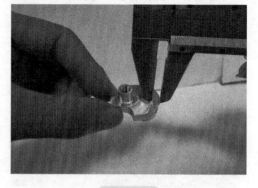

图 3-9-23

21）拉伸圆柱体。为了准确找到建模中心，需要绘制草图，选择第 14）步中的特征面为作图平面，绘制所测得图 3-9-2 中（10）、（17）处轮廓曲线，如图 3-9-24 所示。接着单击"圆柱体"命令,弹出"圆柱体"对话框,"中心"选择草图圆心,"直径"输入所测图 3-9-2 中(7)处直径尺寸,"长度"输入所测图 3-9-2 中(6)处长度尺寸,"布尔运算"为"加运算",如图 3-9-25 所示。

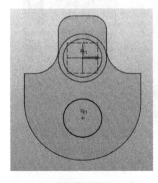

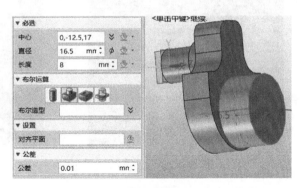

图 3-9-24 图 3-9-25

22)重复圆柱体。单击"圆柱体"命令,弹出"圆柱体"对话框,选择"中心"时,单击鼠标右键选择"曲率中心",单击上一步建立好的模型轮廓,选择轮廓的圆心为"中心","直径"输入所测图 3-9-2 中(8)处直径尺寸,"长度"输入所测图 3-9-2 中(9)处深度尺寸,"布尔运算"为"减运算",如图 3-9-26 所示。

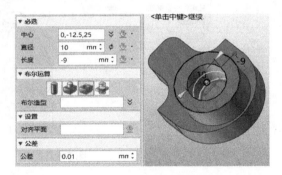

图 3-9-26

23)重复上一步骤。"中心"选择第 21)步中所绘制草图的圆心,"直径"输入所测图 3-9-2 中(10)处直径尺寸,"长度"输入"–20","布尔运算"为"减运算",如图 3-9-27 所示。

24)螺纹孔。单击孔命令,选择螺纹孔,"位置"为坐标原点,"孔规格"按照测量所得绘制,如图 3-9-28 所示。

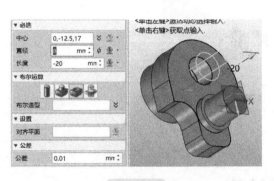

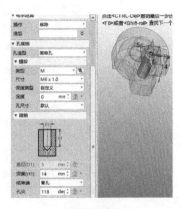

图 3-9-27 图 3-9-28

25）使用游标卡尺测量图 3-9-2 中（11）处直径尺寸，如图 3-9-29 所示。

26）使用游标卡尺测量图 3-9-2 中（12）处长度尺寸，如图 3-9-30 所示。

图 3-9-29

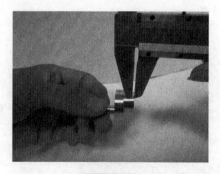

图 3-9-30

27）拉伸实体。单击"草图"命令，弹出"草图"对话框，选择 XZ 平面创建草图，进入"草图"环境后，绘制所测得图 3-9-2 中（11）、（12）处轮廓曲线，如图 3-9-31 所示。绘制完成后退出草图环境，单击"拉伸"命令，"拉伸类型"为"2 边"，"起始点 S"输入"15"，"结束点 E"输入"25"，使用"布尔运算"→"减运算"拉伸特征，如图 3-9-32 所示。

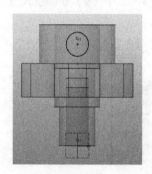

图 3-9-31

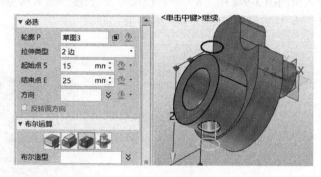

图 3-9-32

活动二　三维模型转 2D 工程图

完成三维建模之后，转换 2D 工程图，如图 3-9-33 所示。

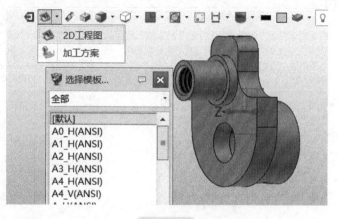

图 3-9-33

选择模板为默认，单击【确定】进入视图布局界面，如图图 3-9-34 所示。

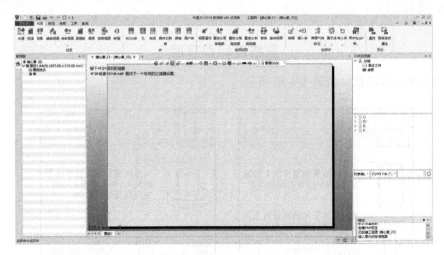

图 3-9-34

活动三　　**2D 工程图表达**

图幅选择、视图摆放如图 3-9-35 所示。

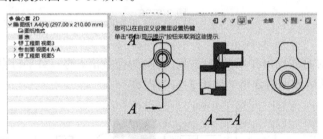

图 3-9-35

 考核评价

任务评价表

班级＿＿＿＿＿＿＿　　　　　　　　　小组号＿＿＿＿＿＿＿

姓名＿＿＿＿＿＿＿　　　　　　　　　学　号＿＿＿＿＿＿＿

项目	自我评价			小组评价			教师评价		
	10~9	8~6	5~1	10~9	8~6	5~1	10~9	8~6	5~1
	占总评 10%			占总评 30%			占总评 60%		
指定工作计划									
绘制零件分工									
零件检测									
三维建模绘制									
视图表达学习主动性									
协作精神									
纪律观念									
小计									
总评									

拓展知识

直线度和垂直度

直线度和垂直度的概念如图 3-9-36 所示。

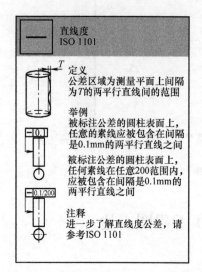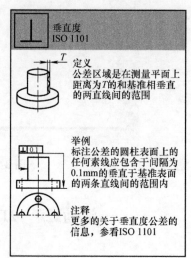

图 3-9-36

1. 直线度

在给定平面内对直线提出要求的公差带：距离为公差值 t 的一对平行直线之间的区域，只要被测直线不超出该区域即为合格，如图 3-9-37 所示。

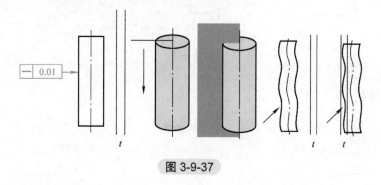

图 3-9-37

2. 垂直度

公差带是距离为公差值 t 且垂直于基准平面的两平行平面之间的区域，如图 3-9-38 所示。

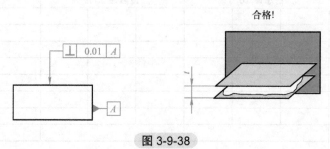

图 3-9-38

课后练习

请结合所学知识，完成零件图的标注。

职业素养：脚踏实地、顾全大局

偏心套是齿轮连冲运动机构中的一个小零件，起着轴向固定等重要作用，在测绘时应加以重视。就像每个人虽然作用不同，但都是必不可少的。所以要善于从全局高度、用长远眼光观察形势、分析问题，自觉地在顾全大局前提下脚踏实地地做好本职工作。

党的二十大代表赵晶是内蒙古第一机械集团有限公司的一名数控车工高级技师，她先后荣获全国三八红旗手、中华技能大奖等荣誉，享受国务院特殊津贴，拥有以自己名字命名的"国家级技能大师工作室"。

2003 年，20 岁的赵晶从包头职业技术学院毕业后被分配到内蒙古第一机械集团有限公司第四分公司，从事车工工作，是一名生产一线的普通技工。她认为，自己虽然只是集体里的一个不起眼的小零件，但是只要脚踏实地，从大局出发，总有一天能成为"国之重量"。在她进厂一年后，车间进了第一台数控车床，机械加工既是辛苦活又是脏累活，那时数控车工人才缺乏，厂里的数控技术员少之又少，赵晶主动请求负责那台数控车床的操作。

赵晶把每项产品都当成"作品"，对每个零件精益求精。因为，每一个小零件，最终都会成为兵器装备的一部分，每加工一个零件，就是给国家兵工事业做一分贡献。勤奋好学的她独创了"一位双刀套类零件操作法"，在保证设计精度的同时，将零件产品的合格率提高到99.7%，在公司内堪称独树一帜。凭借"精密加工"这一绝活，赵晶多年来先后攻克了几十个型号、数百种零件的加工难题，获得国家专利十多项。

任务 3-10　缸体支承座的建模与生成二维图

任务描述

测量图 3-10-1 所示零件（缸体支承座），用中望 3D 软件构建三维模型，用中望 CAD 绘制出符合国家标准的零件图。

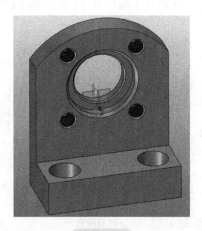

图 3-10-1

知识目标

- 掌握软件中孔命令的应用方法
- 掌握支承座类零件的测绘方法
- 掌握支承座零件的工程图绘制方法

 能力目标

- 学会利用软件中的孔命令进行孔的快捷绘制
- 学会利用软件中的工程图功能绘制支承座的工程图
- 学会利用软件进行支承座的建模

 相关知识

孔命令的使用：

1）孔功能：孔功能是现有零件表面上简易的添加特征。单击【造型】→【孔】，单击图标，系统弹出"孔"对话框，如图 3-10-2 所示。

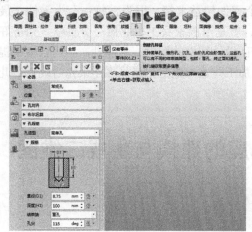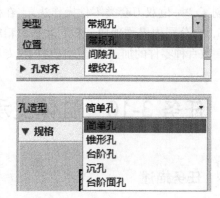

图 3-10-2

2）【常规孔】的"孔造型"分别有【简单孔】【锥形孔】【台阶孔】【沉孔】【台阶面孔】，如图 3-10-3 所示。

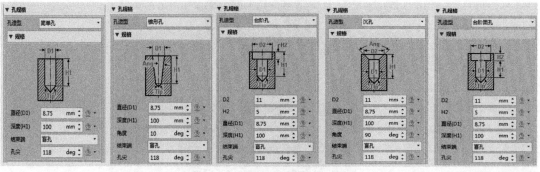

| a) 简单孔 | b) 锥形孔 | c) 台阶孔 | d) 沉孔 | e) 台阶面孔 |

图 3-10-3

3)【螺纹孔】的"孔造型"分别有【简单孔】【锥形孔】【台阶孔】【沉孔】【台阶面孔】, 如图 3-10-4 所示。

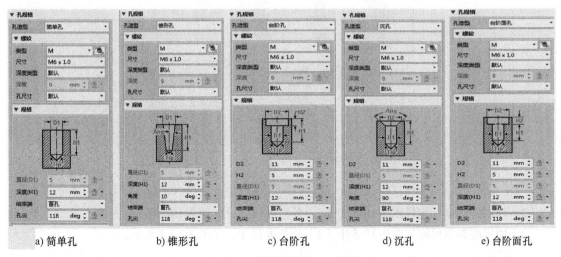

a) 简单孔   b) 锥形孔   c) 台阶孔   d) 沉孔   e) 台阶面孔

图 3-10-4

 任务实施

活动一   缸体支承座三维建模

测量零件并用中望 3D 软件完成缸体支承座三维建模,如图 3-10-5 所示。

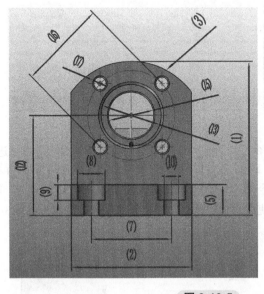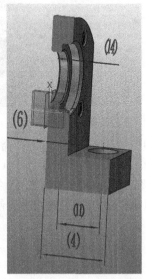

图 3-10-5

1)创建零件文件。单击【新建】命令 ⬚,弹出"新建文件"对话框,输入零件名称"缸体支承座",如图 3-10-6 所示。单击【确定】按钮进入建模界面。

图 3-10-6

2）使用游标卡尺测量图 3-10-5 中（1）处宽度尺寸，如图 3-10-7 所示。

3）使用游标卡尺测量图 3-10-5 中（2）处长度尺寸，如图 3-10-8 所示。

图 3-10-7 　　　　　　　　　　　　　　　图 3-10-8

4）使用 R 规测量图 3-10-5 中（3）处圆弧半径，如图 3-10-9 所示。

5）使用游标卡测量图 3-10-5 中（4）处高度尺寸，如图 3-10-10 所示。

图 3-10-9 　　　　　　　　　　　　　　　图 3-10-10

6）拉伸长方体。单击"草图"命令 ，弹出"草图"对话框，选择 XY 平面，进入"草图"环境下，并绘制所测得图 3-10-5 中（1）、（2）、（3）处轮廓曲线，如图 3-10-11 所示。绘制完成后退出草图环境，单击"拉伸"命令 ，"拉伸类型"选择"1 边"，"结束点 E"输入所测得图 3-10-5 中（4）处矩形的高度尺寸，使用"布尔运算"→"基体"拉伸特征，如图 3-10-12 所示。

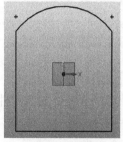
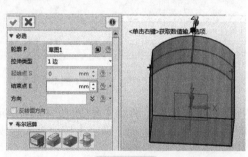

图 3-10-11 　　　　　　　　　　　　　　　图 3-10-12

7）使用游标卡尺测量图 3-10-5 中（5）处轮廓尺寸，如图 3-10-13 所示。

8）使用游标卡尺测量图 3-10-5 中（6）处轮廓尺寸，如图 3-10-14 所示。

 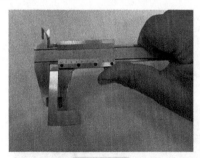

图 3-10-13　　　　　　　　图 3-10-14

9）拉伸平面台阶。单击"草图"命令，弹出"草图"对话框，单击端面创建草图平面，如图 3-10-15 所示。

10）进入"草图"环境后，绘制所测得图 3-10-5 中（5）处轮廓曲线，如图 3-10-16 所示。绘制完成后退出草图环境，单击"拉伸"命令，"拉伸类型"为"1 边"，"结束点 E"输入所测得图 3-10-5 中（6）处矩形的高度尺寸，使用"布尔运算"→"减运算"拉伸特征，如图 3-10-17 所示。

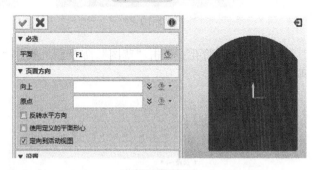

图 3-10-15

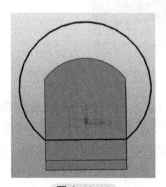 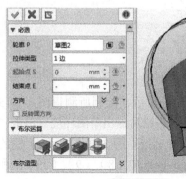

图 3-10-16　　　　　　　　图 3-10-17

11）使用游标卡尺测量图 3-10-5 中（7）处轮廓尺寸，如图 3-10-18 所示。

12）使用游标卡尺测量图 3-10-5 中（8）处轮廓尺寸，如图 3-10-19 所示。

13）使用游标卡尺测量图 3-10-5 中（9）处轮廓尺寸，如图 3-10-20 所示。

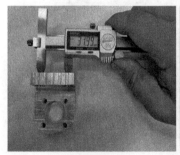 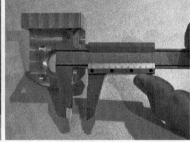 

图 3-10-18　　　　　　图 3-10-19　　　　　　图 3-10-20

14）使用游标卡尺测量图 3-10-5 中（10）处轮廓尺寸，如图 3-10-21 所示。

15）使用游标卡尺测量图 3-10-5 中（11）处轮廓尺寸，如图 3-10-22 所示。

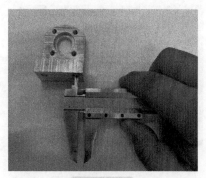
图 3-10-21

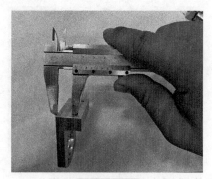
图 3-10-22

16）拉伸台阶孔。单击"草图"命令 ，弹出"草图"对话框，单击侧面创建草图平面，如图 3-10-23 所示。

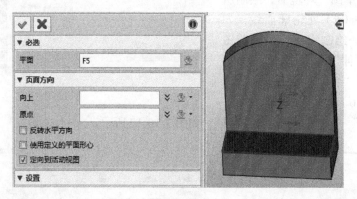
图 3-10-23

17）进入"草图"环境后，绘制所测得图 3-10-5 中（7）、（8）、（10）、（11）处轮廓曲线，如图 3-10-24 所示。绘制完成后退出草图环境，单击"孔"命令 ，弹出"孔"对话框，"类型"选择"常规孔"，位置分别选择图 3-10-5 中（7）处的轮廓曲线中心点，"孔造型"选择"台阶孔"，规格分别输入图 3-10-5 中（8）、（9）、（10）处所测得尺寸，如图 3-10-25 所示。

图 3-10-24

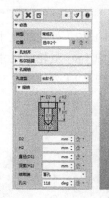
图 3-10-25

18）使用游标卡尺测量图 3-10-5 中（12）处孔中心位置尺寸，如图 3-10-26 所示。

19）使用游标卡尺测量图 3-10-5 中（13）处圆弧直径尺寸，如图 3-10-27 所示。

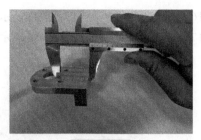
图 3-10-26

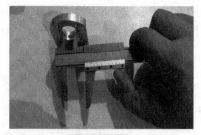
图 3-10-27

20）使用游标卡尺测量图 3-10-5 中（14）处深度尺寸，如图 3-10-28 所示。

21）使用游标卡尺测量图 3-10-5 中（15）处圆弧直径尺寸，如图 3-10-29 所示。

图 3-10-28

图 3-10-29

22）拉伸台阶。单击"草图"命令 ，弹出"草图"对话框，单击端面创建草图平面，如图 3-10-30 所示。

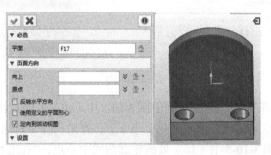
图 3-10-30

23）进入"草图"环境后，绘制所测得图 3-10-5 中（12）、（13）、（14）处轮廓曲线，如图 3-10-31 所示。绘制完成后退出草图环境，单击"孔"命令 ，弹出"孔"对话框，"类型"选择"常规孔"，"位置"分别选择图 3-10-5 中（12）处的轮廓曲线中心点，"孔造型"选择"台阶孔"，"规格"分别输入图 3-10-5 中（13）、（14）、（15）处所测得尺寸，如图 3-10-32 所示。

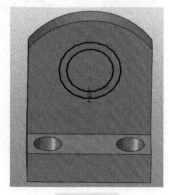
图 3-10-31

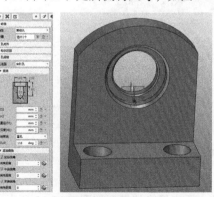
图 3-10-32

24）使用偏置中心线卡尺测量图 3-10-5 中（16）处轮廓尺寸，如图 3-10-33 所示。

25）使用偏置中心线卡尺测量图 3-10-5 中（17）处轮廓尺寸，如图 3-10-34 所示。

图 3-10-33

图 3-10-34

26）拉伸螺纹孔。单击"草图"命令，弹出"草图"对话框，单击端面创建草图平面，如图 3-10-35 所示。

图 3-10-35

27）进入"草图"环境后，绘制所测得图 3-10-5 中（16）、（17）处轮廓曲线，如图 3-10-36 所示。绘制完成后退出草图环境，单击"孔"命令，弹出"孔"对话框，"类型"选择"螺纹孔"，"位置"分别选择图 3-10-5 中（16）处的轮廓曲线中心点，"孔造型"选择"简单孔"，"规格"分别输入图 3-10-5 中（17）处所测得尺寸，如图 3-10-37 所示。

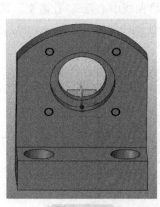

图 3-10-36

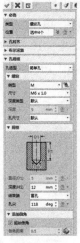

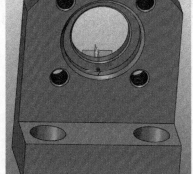

图 3-10-37

28）缸体支承座最终的模型如图 3-10-38 所示。

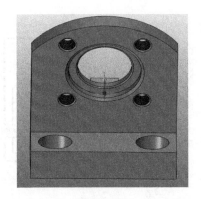

图 3-10-38

活动二 　三维模型转 2D 工程图

1）单击"2D 工程图"功能命令 　，弹出"选择模板"对话框，如图 3-10-39 所示。默认确定进入工程图环境。

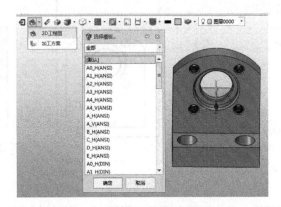

图 3-10-39

2）进入 2D 工程图环境后，进行视图摆放，单击设置通用下的"显示消隐线"图标 ，如图 3-10-40 所示。

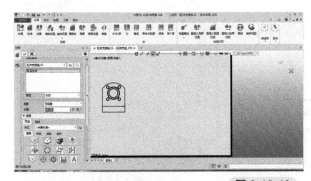

图 3-10-40

3）单击"对齐剖视图"功能命令 　，弹出"对齐剖视图"对话框，"基准视图"单击主视图，"对齐点"为 X 轴上的点和螺纹孔的中心点，"位置"单击放至合适的距离位置，如图 3-10-41 所示。

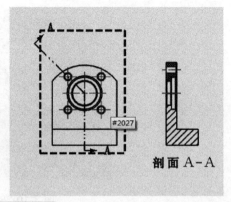

图 3-10-41

4）单击"局部剖"功能命令 ，弹出"局部剖"对话框，单击矩形边界符号 ，"基准视图"单击主视图，"边界"选项中单击主视图台阶孔的位置，"深度"单击左视图台阶孔的位置，如图 3-10-42 所示。

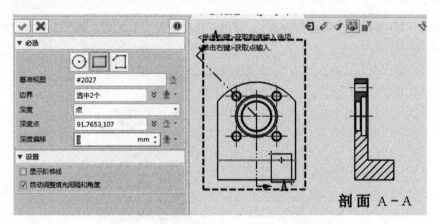

图 3-10-42

5）确定视图表达完整后，单击图框左下角"图纸 1"，用鼠标右键选择"输出"2D 工程图。如图 3-10-43 所示。单击"输出"后弹出"选择输出文件"对话框，保存在指定文件夹，单击"保存类型（T）"为"DWG /DXF File"格式，如图 3-10-44 所示。

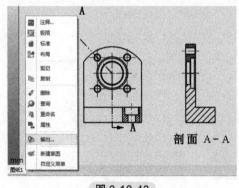

图 3-10-43

图 3-10-44

6）单击【保存】后，弹出"DWG/DXF File 文件生成"对话框，全部为默认，最后单击【确定】，完成 2D 工程图输出。

活动三　2D 工程图表达

图幅选择、视图摆放、尺寸标注如图 3-10-45 所示。

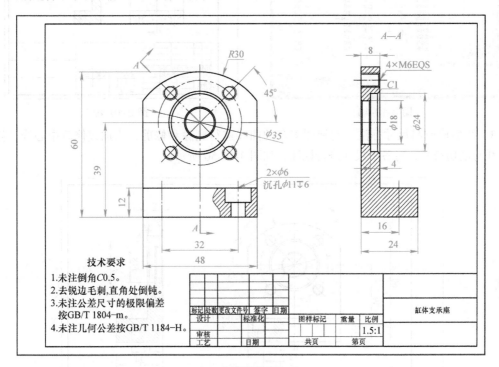

图 3-10-45

1）双击打开输出后的箱盖 2D 工程图，通过"机械"工具条上的"图幅设置"功能命令 ⬛，或者直接输入"TF"按【Enter】键，弹出"图幅设置"对话框，如图 3-10-46 所示。根据齿轮的轮廓大小选择"图幅大小"，"布置方式"根据视图的摆放需要，可选择"横置"或"纵置"，"绘图比例"根据实际需要选择，"标题栏"选择"标题栏 –5"，"附加栏"、"代号栏"、"参数栏"等根据需要勾选，单击【确定】，如图 3-10-47 所示。

图 3-10-46

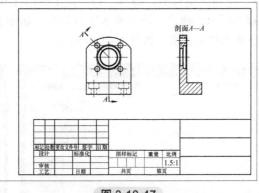

图 3-10-47

2）线宽修改与视图摆放。单击"图层特性"功能命令 ⬛，弹出"图层特性管理器"对话框，对线宽的大小进行修改，如图 3-10-48 所示。输入"m"，按【Enter】键，对视图进行合理的摆放，如图 3-10-49 所示。

图 3-10-48

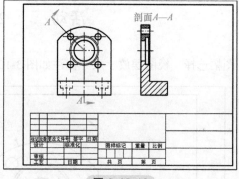

图 3-10-49

3）线型修改与尺寸标注。对视图多余的曲线进行删除和修剪，添加或修改中心线，修改剖切线与剖切符号，对各个尺寸进行标注，如图 3-10-50 所示。

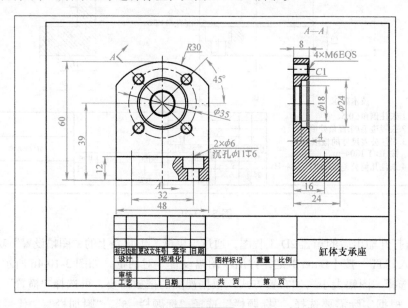

图 3-10-50

4）添加技术要求。输入"TJ"按【Enter】键，在左下角单击鼠标左键拖动出一个矩形，添加技术要求，弹出"技术要求"对话框，如图 3-10-51 所示。在技术要求空白处，输入相关缸体支承座技术要求，如图 3-10-52 所示。

图 3-10-51

图 3-10-52

5）单击【确认】后，调整字体摆放合理的位置，如图 3-10-53 所示。

6）双击标题栏，弹出"属性高级编辑"对话框，在"图样名称"处输入"缸体支承座"，在"产品名称或材料标记"处根据实际零件材料填写，"图样代号"根据图纸要求填写，"设计"和"日期"根据需要填写，如图 3-10-54 所示。最后单击【确定】完成图纸标注。

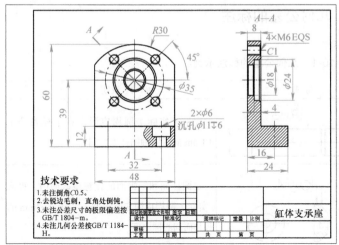

图 3-10-53

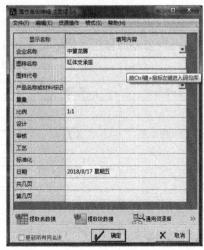

图 3-10-54

 考核评价

任务评价表

班级_____　　　　　　小组号_____

姓名_____　　　　　　学　号_____

项目	自我评价			小组评价			教师评价		
	10~9	8~6	5~1	10~9	8~6	5~1	10~9	8~6	5~1
	占总评 10%			占总评 30%			占总评 60%		
指定工作计划									
绘制零件分工									
零件检测									
三维建模绘制									
视图表达学习主动性									
协作精神									
纪律观念									
小计									
总评									

拓展知识

几何公差的标注

几何公差的标注示例见表 3-10-1。

表 3-10-1　几何公差的标注示例

公差特征	符号	标注示例	说明
圆柱度公差	⌭	⌭ 0.1	提取（实际）圆周应限定在半径差等于 0.1mm 的两同轴圆柱面之间
圆度公差	○	○ 0.03	在圆柱面和圆锥面的任意横截面内，提取（实际）圆周应限定在半径差等于 0.03mm 的两共面同心圆之间
		○ 0.1　⌀17	在圆锥面的任意横截面内，提取（实际）圆周应限定在半径差等于 0.1mm 的两共面同心圆之间
圆跳动公差	↗	↗ 0.8 A　A	在任一垂直于基准 A 的横截面内，提取（实际）圆周应限定在半径差等于 0.8mm，圆心在基准轴线 A 上的两同心圆之间
		↗ 0.1 B A　A　B	在任一垂直于基准 B、垂直于基准轴线 A 的横截面上，提取（实际）圆周应限定在半径差等于 0.1mm，圆心在基准轴线 A 上的两同心圆之间

 课后练习

请结合所学知识，对图 3-10-55 所示零件图进行三维建模。

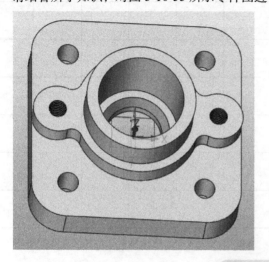

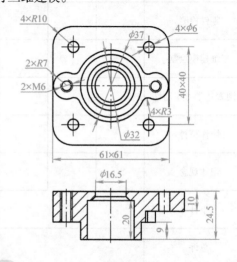

图 3-10-55

任务 3-11　齿轮的建模与生成二维图

任务描述

测量图 3-11-1 所示零件（齿轮），用中望 3D 软件构建三维模型，用中望 CAD 软件绘制出符合国家标准的零件图。

图 3-11-1

知识目标

- 了解标准直齿圆柱齿轮的计算公式
- 了解标准直齿圆柱齿轮的倒角计算公式
- 掌握齿轮孔的键槽标准

能力目标

- 学会利用中望 CAD 软件进行圆柱直齿轮模型的绘制
- 学会利用中望 CAD 软件进行齿轮孔键槽的绘制
- 学会利用中望 CAD 软件进行齿轮的二维图绘制

相关知识

一、齿轮的方程式与建模

1. 齿轮的方程式（图 3-11-2）

2. 插入齿轮方程式

① 单击"插入"工具条上的"方程式管理器"功能命令，弹出"方程式管理器"对话框，如图 3-11-3 所示。

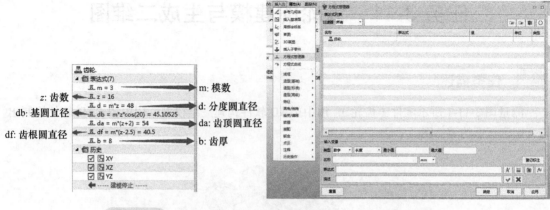

图 3-11-2   图 3-11-3

② 单击 "输入变量" 对话框上的类型选择 "常量"，如图 3-11-4 所示。

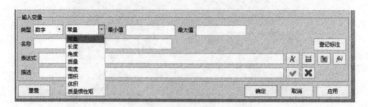

图 3-11-4

③ 分别在 "输入变量" 对话框上的 "名称" 命令栏输入表达式字母，"表达式" 命令栏输入表达公式，单击提交方程式输入符号 ☑，如图 3-11-5 所示。以此类推输入提交方程式，全部表达式输入后，如图 3-11-6 所示，最后单击【应用】按钮后单击【确定】。

图 3-11-5   图 3-11-6

3. 绘制齿形轮廓曲线

① 通过 "线框" 工具条上的 "圆" 功能命令 ○，弹出 "圆" 对话框，分别以坐标原点作四个 "圆" 的中心点，单击 "直径"，"直径" 数据栏分别输入表达式名称 d、db、da、df，如图 3-11-7 所示。

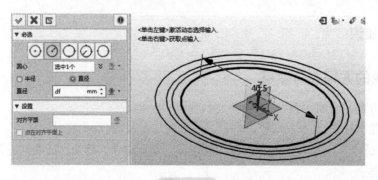

图 3-11-7

② 单击"方程式"功能命令 $\overset{\curvearrowright}{\text{方程式}}$，弹出"方程式曲线"对话框，在"方程式列表"中选择"圆柱齿轮齿廓的渐开线"后双击鼠标左键，如图 3-11-8 所示。分别修改输入方程式 X 轴与 Y 轴上的数值"10"为"db/2"，如图 3-11-9 所示。

图 3-11-8　　　　　　　　　　图 3-11-9

③ 插入渐开线后，如图 3-11-10 所示。延伸渐开线长度。单击"修剪 / 延伸"功能命令 $\overset{\sim}{\text{修剪/延伸}}$，弹出"修剪 / 延伸"对话框，"曲线"单击渐开线，"长度"输入公式"abs（df-db）"，单击【确定】，如图 3-11-11 所示。

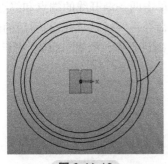
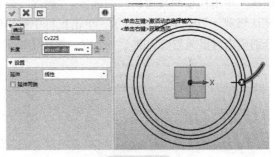

图 3-11-10　　　　　　　　　图 3-11-11

④ 插入直线。单击"直线"功能命令 $\overset{/}{\text{直线}}$，"点 1"单击坐标原点，"点 2"单击渐开线和分度圆 d 的相交点，如图 3-11-12 所示。

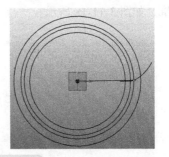

图 3-11-12

⑤ 绘制镜像线。单击"复制"功能命令 $\overset{\text{⫶⫶}}{\text{复制}}$，弹出"复制"对话框，选择"绕方向旋转"，"实体"单击直线，"方向"单击鼠标右键选择 Z 轴，"角度"输入"–360/z/4"，最后单击【确定】，如图 3-11-13 所示。

⑥ 创建镜像基准面。单击"基准面"功能命令 $\overset{\text{▣}}{\text{基准面}}$，弹出"基准面"对话框，单击"页面方向"中的"对齐"到几何坐标的 YZ 面，"几何体"单击镜像线上的中点，如图 3-11-14 所示。

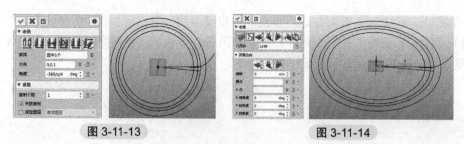

图 3-11-13　　　　　　　　　　　　　图 3-11-14

⑦ 镜像渐开线。单击"几何体镜像"功能命令 ，弹出"几何体镜像"对话框，"实体"单击渐开线，"平面"单击几何坐标 YZ 面，单击【确定】，如图 3-11-15 所示。

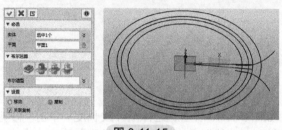

图 3-11-15

⑧ 修剪成齿轮齿廓。单击"修剪 \ 打断曲线"功能命令 ，弹出"修剪 \ 打断曲线"对话框，"曲线"单击齿根圆与齿顶圆的圆弧，"删除"分别单击两条渐开线的端点和终点，单击【确定】确认修剪，如图 3-11-16 所示。单击鼠标中键继续命令，"曲线"单击修剪后的渐开线，"删除"分别单击齿根圆与齿顶圆上一个点，单击【确定】确认修剪，如图 3-11-17 所示。

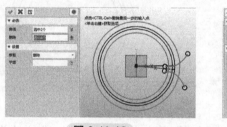
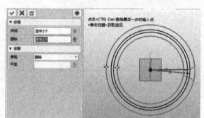

图 3-11-16　　　　　　　　　　　　　图 3-11-17

⑨ 添加曲线列表。修剪成齿形齿廓后，单击鼠标右键选择"曲线列表"后弹出对话框，"曲线"选择齿形齿廓，如图 3-11-18 所示。

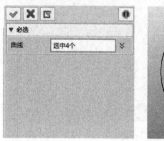
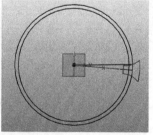

图 3-11-18

4. 进入 3D 模型构建

① 创建圆柱体。通过"造型"工具条上的"圆柱体"功能命令 ，弹出"圆柱体"对话框，"中心"单击坐标原点，单击"半径 R"改变成"直径 φ"后输入"da"（齿顶圆），"长度"输入"b"（齿厚），最后单击【确定】，如图 3-11-19 所示。

图 3-11-19

② 拉伸齿形特征。单击"拉伸"功能命令 ，弹出"拉伸"对话框，"轮廓 P"选择"曲线列表 1"，"拉伸类型"为"1 边"，"结束点 E"输入"b"（齿厚），"布尔运算"为"减运算"，单击【确定】完成拉伸，如图 3-11-20 所示。

③ 倒角。单击"倒角"功能命令 ，弹出"倒角"对话框，"边 E"单击齿顶圆的两端面锐角，"倒角距离 S"输入"0.5*m"，单击【确定】确认倒角，如图 3-11-21 所示。

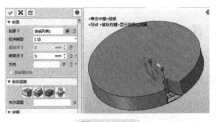

图 3-11-20

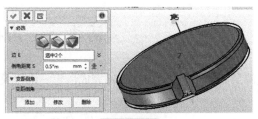

图 3-11-21

④ 倒圆角。单击"倒圆角"功能命令 ，弹出"倒圆角"对话框，"边 E"单击齿顶圆与齿形相交的两锐角边，"半径 R"输入"0.1*m"，单击【确定】确认倒圆角，如图 3-11-22 所示。单击鼠标中键继续倒圆角，"边 E"单击齿根圆与齿形相交的两锐角边，"半径 R"输入"0.38*m"，单击【确定】确认倒圆角，如图 3-11-23 所示。

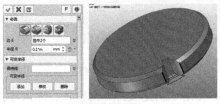

图 3-11-22

图 3-11-23

⑤ 阵列齿形特征。单击"阵列特征"功能命令 ，弹出"阵列特征"对话框，单击圆形，"基体"单击齿形、0.1*m 圆角、0.3*m 圆角共三个特征，"方向"单击鼠标右键选择 Z 轴，"数目"输入"z"，"角度"输入"360/z"，单击【确定】确认阵列特征，如图 3-11-24 所示。

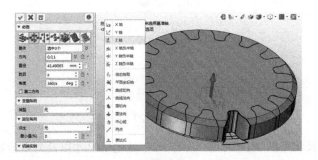

图 3-11-24

5. 把多余的曲线与基准面隐藏，齿轮最终的模型如图 3-11-25 所示。

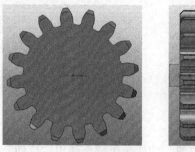

图 3-11-25

 任务实施

活动一　齿轮三维建模

测量零件并用中望 3D 软件完成齿轮三维建模，如图 3-11-26 所示。

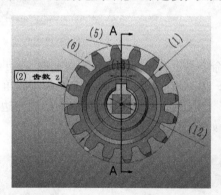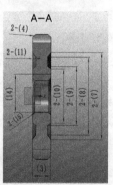

图 3-11-26

1）创建零件文件：单击【新建】工具图标，弹出"新建文件"对话框，输入零件名称"齿轮"，如图 3-11-27 所示。单击【确定】按钮进入建模界面。

图 3-11-27

2）使用游标卡尺测量图 3-11-26 中（1）、（2）处轮廓尺寸以及清点齿数的数量，并通过公式计算模数，如图 3-11-28 所示。

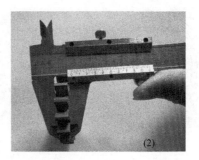

$$d_a = m \times (z+2) \qquad \text{(齿根圆计算公式)}$$
$$m = d_a / (z+2) \qquad \text{(模数计算公式)}$$

图 3-11-28

① 插入齿轮表达式。在"插入"工具条上"方程式管理器"的表达式列表中输入齿轮公式，如图 3-11-29 所示。

② 通过"线框"工具条上的"圆"功能命令 $\bigcirc$，分别绘制 d、db、da、df 四个圆曲线，如图 3-11-30 所示。

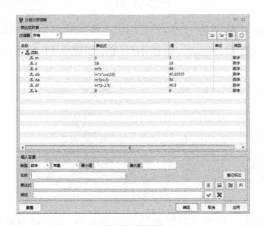

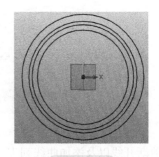

图 3-11-29   图 3-11-30

③ 插入渐开线。单击"方程式"功能命令 $\overset{\curvearrowright}{方程式}$，"方程式列表"选择"圆柱齿轮齿廓的渐开线"双击鼠标左键，如图 3-11-31 所示。修改 X 轴、Y 轴的公式，如图 3-11-32 所示。单击【确定】按钮后插入渐开线，如图 3-11-33 所示。

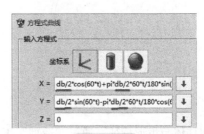

图 3-11-31   图 3-11-32

④ 延伸渐开线。单击"修剪/延伸"功能命令 $\overset{\curvearrowright}{修剪/延}$，延伸渐开线长度，"曲线"单击"渐开线"，"长度"输入公式"abs（df-db）"，如图 3-11-34 所示。

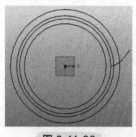

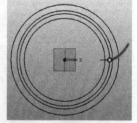

图 3-11-33　　　　　　　　　　　　　　　　　图 3-11-34

⑤ 绘制镜像线。单击"直线"功能命令 ，绘制坐标原点到渐开线与分度圆相交点的直线，如图 3-11-35 所示。单击"复制"功能命令 ，绕方向旋转复制直线，如图 3-11-36 所示。

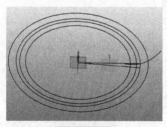
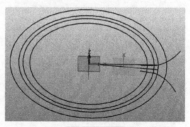

图 3-11-35　　　　　　　　　　　　　　图 3-11-36

⑥ 创建基准面以及镜像几何体。单击"基准面"功能命令 ，在复制直线上创建基准面，如图 3-11-37 所示。单击"镜像几何体"功能命令 ，镜像渐开线，如图 3-11-38 所示。

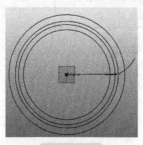
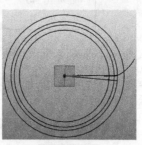

图 3-11-37　　　　　　　　　　　　　　图 3-11-38

⑦ 修剪渐开线以及添加曲线列表。单击"修剪 / 打断曲线"功能命令 ，通过修剪成齿形齿廓，如图 3-11-39 所示。修剪后，单击鼠标右键选择曲线列表，单击齿形轮廓，如图 3-11-40 所示。

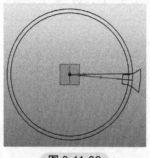
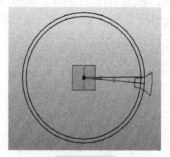

图 3-11-39　　　　　　　　　　　　　　图 3-11-40

3）拉伸圆柱体与齿形特征。通过"造型"工具条上的"圆柱体"功能命令 ，"直径"为"da"（齿顶圆），"长度"为"b"（齿厚），如图 3-11-41 所示。单击"拉伸"功能命令 ，使用"布尔运算"→"减运算"，"长度"为"b"（齿厚），如图 3-11-42 所示。

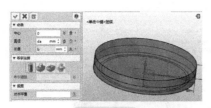
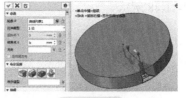

图 3-11-41   图 3-11-42

4）倒角与倒圆角。单击"倒角"功能命令👆，对齿顶圆两锐角倒角，"倒角公式"为"0.5*m"，如图 3-11-43 所示。单击"倒圆角"功能命令👆，对齿顶圆与齿形相交的两锐角边倒圆角，"倒圆角公式"为"0.1*m"，如图 3-11-44 所示。单击鼠标中键重复"倒圆角"命令，对齿根圆与齿形相交的两锐角倒圆角，倒圆角公式为"0.38*m"，如图 3-11-45 所示。

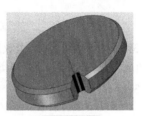

图 3-11-43   图 3-11-44   图 3-11-45

5）阵列特征。单击"阵列特征"功能命令👆，对齿形特征、圆角进行阵列。使用圆形阵列，Z 轴方向阵列，"数目"输入"z"（齿数），"角度"输入"360/z"，如图 3-11-46 所示。

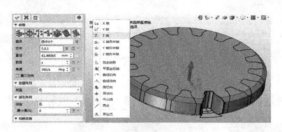

图 3-11-46

6）使用游标卡尺测量图 3-11-26 中（7）、（8）、（9）、（10）、（11）处轮廓尺寸，如图 3-11-47 所示。

(7)   (8)   (9)

(10)   (11)

图 3-11-47

7）旋转拉伸避空槽。单击"草图"命令👆，弹出"草图"对话框，单击 YZ 平面创建草图平面，如图 3-11-48 所示。

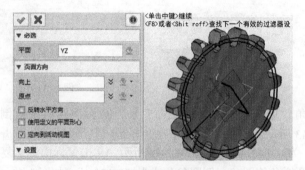

图 3-11-48

8）进入"草图"环境后，绘制所测得图 3-11-26 中（7）、（8）、（9）、（10）、（11）处轮廓曲线，如图 3-11-49 所示。绘制完成后退出草图环境，单击"旋转"功能命令，弹出"旋转"对话框，"轴 A"选择 Z 轴，"旋转类型"选"1 边"，"结束角度 E"选"360deg"，旋转减运算实体，如图 3-11-50 所示。

图 3-11-49

图 3-11-50

9）使用游标卡尺测量图 3-11-26 中（12）、（13）、（14）处轮廓尺寸，如图 3-11-51 所示。

(12) (13) (14)

图 3-11-51

10）拉伸键槽轴孔。单击"草图"命令，弹出"草图"对话框，单击齿轮端面创建草图平面，如图 3-11-52 所示。

图 3-11-52

11）进入"草图"环境后，绘制所测得图 3-11-26 中（8）、（9）、（10）处轮廓曲线，如图 3-11-53 所示。绘制完成后退出草图环境，单击"拉伸"功能命令，弹出"拉伸"对话框，"拉伸类型"为"1 边"，"结束点 E"输入图 3-11-26 中（2）处尺寸，使用"减运算"拉伸实体通孔，如图 3-11-54 所示。

12）单击"倒角"功能命令，对（9）处键槽轴孔两端锐边倒角。如图 3-11-53 所示。

图 3-11-53

13）齿轮的最终模型如图 3-11-54 所示。

图 3-11-54

活动二　三维模型转 2D 工程图

1）单击"2D 工程图"功能命令，弹出"选择模板"对话框，如图 3-11-55 所示。默认确定进入工程图环境。

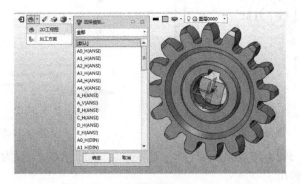

图 3-11-55

2）进入 2D 工程图环境后，进行视图摆放，如图 3-11-56 所示。

图 3-11-56

3）单击"全剖视图"功能命令 ，弹出"全剖视图"对话框，"基准视图"单击齿轮视图，点为 Y 轴上的由上到下两个点，"位置"单击放至合适的距离位置，如图 3-11-57 所示。

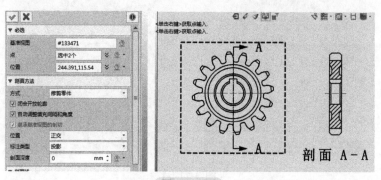

图 3-11-57

4）确定视图表达完整后，单击图框左下角"图纸 1"鼠标右键选择"输出"2D 工程图。如图 3-11-58 所示。单击"输出"后弹出"选择输出文件"对话框，保存在指定文件夹，单击"保存类型（T）"为"DWG /DXF File"格式，如图 3-11-59 所示。

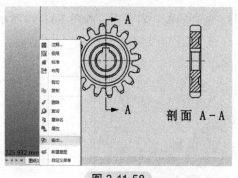

图 3-11-58

图 3-11-59

5）单击保存后，弹出"DWG/DXF File 文件生成"对话框，全部为默认，最后单击【确定】，完成 2D 工程图输出。

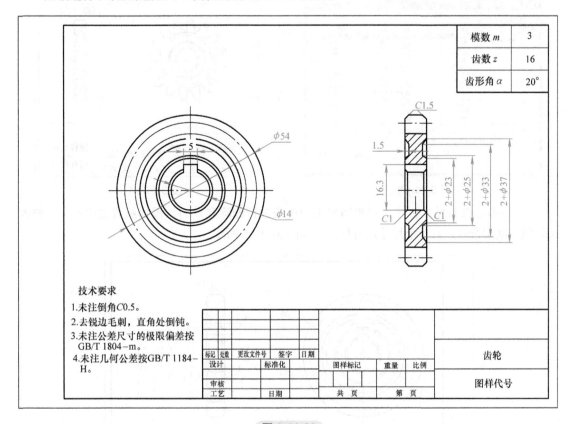

模数 m	3	
齿数 z	16	
齿形角 α	20°	

图 3-11-60

1）双击打开输出后的齿轮 2D 工程图，通过"机械"工具条上"图幅设置"功能命令 ![](），或者直接输入"TF"按【Enter】键，弹出"图幅设置"对话框，如图 3-11-61 所示。根据齿轮的轮廓大小选择"图幅大小"，"布置方式"根据视图的摆放需要，可选择"横置"或"纵置"，"绘图比例"根据实际需要选择，"标题栏"以及"附加栏"、"代号栏"、"参数栏"等根据需要勾选，单击【确定】，如图 3-11-62 所示。

图 3-11-61

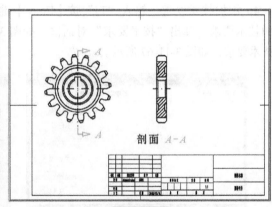

图 3-11-62

2）线宽修改与视图摆放。单击"图层特性"功能命令 ![图层特性]，弹出"图层特性管理器"对话框，如图 3-11-63 所示。对线宽的大小进行修改。输入"m"按【Enter】键，对视图进行合理的摆放，如图 3-11-64 所示。

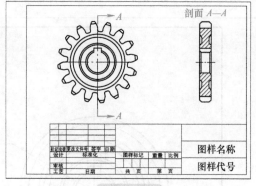

图 3-11-63	图 3-11-64

3）线型修改与尺寸标注。对视图多余的曲线进行删除和修剪，添加或修改中心线，修改剖切线与剖切符号，对各个尺寸进行标注，如图 3-11-65 所示。

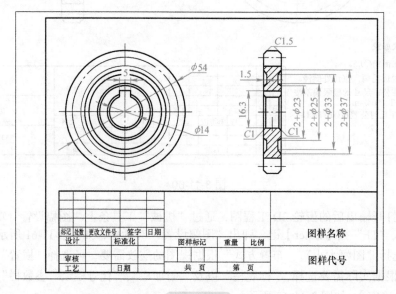

图 3-11-65

4）添加技术要求。输入"TJ"按【Enter】键，在左下角单击鼠标左键拖动出一个矩形，添加技术要求，弹出"技术要求"对话框，如图 3-11-66 所示。在技术要求空白处输入相关齿轮技术要求，如图 3-11-67 所示。

图 3-11-66	图 3-11-67

5）单击【确认】后，调整字体摆放至合理的位置，在图幅的右上角添加齿轮相关参数，如图 3-11-68 所示。

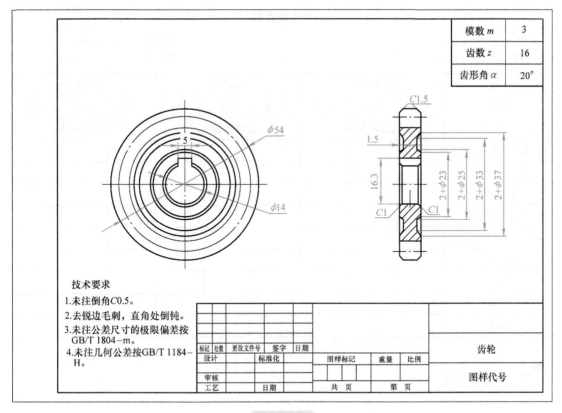

模数 m	3
齿数 z	16
齿形角 α	20°

技术要求

1.未注倒角$C0.5$。

2.去锐边毛刺，直角处倒钝。

3.未注公差尺寸的极限偏差按 GB/T 1804−m。

4.未注几何公差按GB/T 1184−H。

图 3-11-68

6）双击标题栏，弹出"属性高级编辑"对话框，在"图样名称"处输入"齿轮"，在"产品名称或材料标记"处根据实际零件材料填写，"图样代号"根据图纸要求填写，"设计"和"日期"根据需要填写，如图 3-11-69 所示。最后单击【确定】完成图纸标注。

图 3-11-69

考核评价

任务评价表

班级＿＿＿＿＿＿＿＿＿＿　　　　　　　　　小组号＿＿＿＿＿＿＿＿＿＿

姓名＿＿＿＿＿＿＿＿＿＿　　　　　　　　　学　号＿＿＿＿＿＿＿＿＿＿

项目	自我评价			小组评价			教师评价		
	10~9	8~6	5~1	10~9	8~6	5~1	10~9	8~6	5~1
	占总评 10%			占总评 30%			占总评 60%		
指定工作计划									
绘制零件分工									
零件检测									
三维建模绘制									
视图表达学习主动性									
协作精神									
纪律观念									
小计									
总评									

拓展知识

平键和键槽

平键和键槽的标准尺寸规格表见表 3-11-1。

表 3-11-1　平键和键槽的标准尺寸规格表　　　　　　　　　（单位：mm）

轴径	键	键槽											
			宽度					深度				半径 r	
公称直径 d	公称尺寸 $b \times h$	b	偏差					轴 t		毂 $t1$			
			较松		一般		较紧						
			轴 H9	毂 D10	轴 N8	毂 JS9	轴毂 P9	公称	偏差	公称	偏差	最大	最小
6~8	2 × 2	2	0.025	0.06	-0.004	± 0.0125	-0.006	1.2	0.1	1	0.1	0.08	0.16
> 8~10	3 × 3	3	0	0.02	-0.029		-0.031	1.8		1.4			
> 10~12	4 × 4	4	0.03	0.078	0	± 0.015	-0.012	2.5	0	1.8	0		
> 12~17	5 × 5	5	0	0.03	-0.03		-0.042	3		2.3			
> 17~22	6 × 6	6						3.5		2.8		0.16	0.25
> 22~30	8 × 7	8	0.036	0.098	0	± 0.018	-0.015	4		3.3			
> 30~38	10 × 8	10	0	0.04	-0.036		-0.051	5		3.3			
> 38~44	12 × 8	12	0.043	0.12	0	± 0.0215	-0.018	5	0.2	3.3	0.2	0.25	0.4
> 44~50	14 × 9	14						5.5	0	3.8	0		
> 50~58	16 × 10	16	0	0.05	-0.043		-0.061	6		4.3			
> 58~65	18 × 11	18						7		4.4			

（续）

轴径	键	键槽											
公称直径 d	公称尺寸 b×h	b	宽度					深度				半径 r	
			偏差					轴 t		毂 t1			
			较松		一般		较紧						
			轴 H9	毂 D10	轴 N8	毂 JS9	轴毂 P9	公称	偏差	公称	偏差	最大	最小
> 65~75	20 × 12	20						7.5		4.9			
> 75~85	22 × 14	22	0.052 0	0.149 0.065	0 −0.052	± 0.026	−0.022 −0.074	9	0.2 0	5.4	0.2 0	0.4	0.6
> 85~95	25 × 14	25						9		5.4			
> 95~110	28 × 16	28						10		6.4			
> 110~130	32 × 18	32						11		7.4			
> 130~150	36 × 20	36	0.062 2	0.18 0.08	0 −0.062	± 0.031	−0.026 −0.088	12		8.4			
> 150~170	40 × 22	40						13		9.4		0.7	1
> 170~200	45 × 25	45						15		10.4			
> 200~230	50 × 28	50						17		11.4			
> 230~260	56 × 32	56	0.074 0	0.22 0.1	0 −0.074	± 0.037	0.032 −0.106	20	0.3 0	12.4	0.3 0	1.2	1.6
> 260~290	63 × 32	63						20		12.4			
> 290~330	70 × 36	70						22		14.4			
> 330~380	80 × 40	80						25		15.4			
> 380~440	90 × 45	90	0.087 0	0.26 0.12	0 −0.087	± 0.0135	−0.037 −0.124	28		17.4		2	2.5
> 440~500	100 × 50	100						31		19.5			

🕐 课后练习

请结合所学知识，对图 3-11-70 所示零件图进行三维建模。

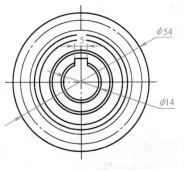
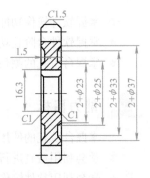

图 3-11-70

职业素养：知难而上、团结协作

　　齿轮在测绘过程中主要涉及齿轮参数的确定和齿轮直径的测量，要保证齿轮的精确与准确性，否则会影响正常工作。同时，由于在测绘过程中参数数据比较多且复杂，处理时又有一定的难度，这需要具有足够的耐心并反复确认数据，知难而进，充分利用中望 3D 软件的功能命令，例如方程式管理器的齿轮公式。同时也可以跟其他同学组建小组协同处理数据，提高准确性和效率。

　　知难而上、团结协作是事业成功的基础。团结协作不只是一种解决问题的方法，也是一种道德品质，它体现了人们的集体智慧，是现代社会生活中不可缺少的一环。叔本华曾说过："单个的人是软弱无力的，就像漂流的鲁滨逊一样，只有同别人在一起，他才能完成许多事业。"在赤壁之战中，曹操有 83 万大军，而孙权、刘备联合起来也不过才 2 万人。但是，孙权和刘备能协同合作，才使这次战争取得胜利。可见，团结协作能创造更大成就，战胜更大困难。

任务 3-12　箱盖的建模与生成二维图

任务描述

　　测量图 3-12-1 所示零件（箱盖），用中望 3D 软件构建三维模型，用中望 CAD 软件绘制出符合国家标准的零件图。

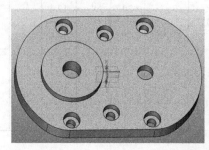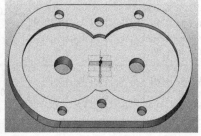

图 3-12-1

知识目标

- 掌握软件镜像功能的应用方法
- 掌握软件台阶孔功能的使用方法
- 掌握台阶孔的测量方法

能力目标

- 掌握台阶孔的使用方法
- 学会利用量具进行台阶孔尺寸测量
- 学会利用软件镜像功能进行模型快速绘制

相关知识

草图中镜像功能应用：

1）在使用中望 3D 软件绘图时，需要画一个一模一样但方向相反的图形，重画又很麻烦，可以用镜像功能。

2）可以在草图中随意画一个图形，不论什么形状，然后再画一条镜像线，也可以不用，或者选择坐标轴作镜像线，如图 3-12-2 所示。

3）单击"镜像"命令 ，弹出"镜像"对话框，"实体"选择图形，"镜像线"选择坐标 Y 轴线（绿色），"设置"为默认，最后单击"确认"完成镜像，如图 3-12-3 所示。

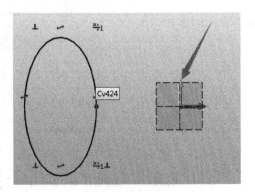

图 3-12-2

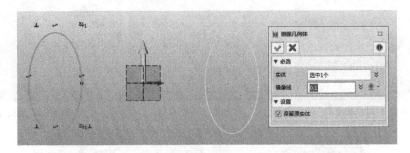

图 3-12-3

任务实施

活动一　齿轮三维建模

测量零件并用中望 3D 软件完成箱盖三维建模，如图 3-12-4 所示。

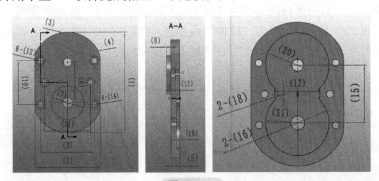

图 3-12-4

1）创建零件文件。单击【新建】工具图标 ，弹出"新建文件"对话框，输入零件名称"箱盖"，如图 3-12-5 所示。单击【确定】按钮进入建模界面。

图 3-12-5

2）使用游标卡尺测量图 3-12-4 中（1）、（2）、（3）、（4）、（5）处尺寸，如图 3-12-6 所示。

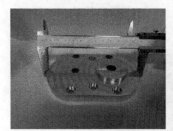
a) 测量（1）处尺寸

b) 测量（2）处尺寸

c) 测量（3）处尺寸

d) 测量（4）处尺寸

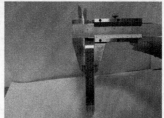
e) 测量（5）处尺寸

图 3-12-6

3）拉伸箱盖体。单击"草图"命令，弹出"草图"对话框，"平面"选择 XY 平面，进入"草图"环境下，绘制所测得图 3-12-4 中（1）、（2）、（3）、（4）处轮廓曲线，如图 3-12-7 所示。绘制完成后退出草图环境，单击"拉伸"命令，"结束点 E"输入所测得图 3-12-4 中（5）处箱盖体的高度尺寸，使用"布尔运算"→"基体"拉伸特征，如图 3-12-8 所示。

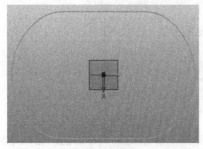
图 3-12-7

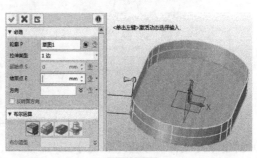
图 3-12-8

4）使用游标卡尺与 R 规测量图 3-12-4 中（6）、（7）、（8）处轮廓尺寸，如图 3-12-9 所示。

a) 测量 (6) 处尺寸

b) 测量 (7) 处尺寸

c) 测量 (8) 处尺寸

图 3-12-9

5）拉伸圆柱台阶。

① 单击"草图"命令💉，弹出"草图"对话框，单击端面创建草图平面，如图 3-12-10 所示。

② 绘制所测得图 3-12-4 中（6）、（7）处圆柱的轮廓曲线，如图 3-12-11 所示。绘制完成后退出草图环境，单击"拉伸"命令💉，"结束点 E"输入所测得图 3-12-4 中（8）处圆柱的高度尺寸，使用"布尔运算"→"加运算"拉伸特征，如图 3-12-12 所示。

图 3-12-10

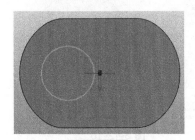
图 3-12-11

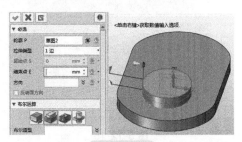
图 3-12-12

6）使用偏置中心线卡尺与游标卡尺测量图 3-12-4 中（9）、（10）、（11）、（12）、（13）、（14）处轮廓尺寸，如图 3-12-13 所示。

a) 测量 (9) 处尺寸

b) 测量 (10) 处尺寸

c) 测量 (11) 处尺寸

d) 测量 (12) 处尺寸

e) 测量 (13) 处尺寸

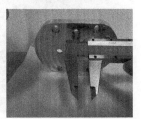
f) 测量 (14) 处尺寸

图 3-12-13

7）拉伸台阶孔。

① 单击"草图"命令 📝，弹出"草图"对话框，单击端面创建草图平面，如图 3-12-14 所示。

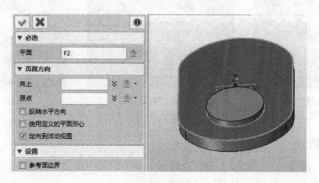

图 3-12-14

② 绘制所测得图 3-12-4 中（9）、（10）、（11）、（14）处轮廓曲线，如图 3-12-15 所示。绘制完成后退出草图环境，单击"孔"命令 🔩，弹出"孔"对话框，"类型"选择"常规孔"，"位置"分别选择 6 个圆弧曲线中心点，"孔造型"选择"台阶孔"，"规格"分别输入图 3-12-4 中（12）、（13）、（14）处所测得尺寸，如图 3-12-16 所示。

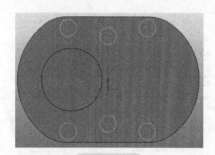
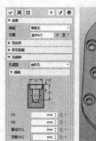

图 3-12-15　　　　　　　　　　图 3-12-16

8）使用游标卡尺与 R 规测量图 3-12-4 中（15）、（16）、（17）、（18）、（19）处轮廓尺寸，如图 3-12-17 所示。

a) 测量（15）处尺寸　　　　　b) 测量（16）处尺寸　　　　　c) 测量（17）处尺寸

d) 测量（18）处尺寸　　　　　e) 测量（19）处尺寸

图 3-12-17

9）拉伸输入轴、输出轴孔。

① 单击"草图"命令💾，弹出"草图"对话框，单击端面创建草图平面，如图 3-12-18 所示。

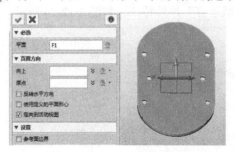

图 3-12-18

② 绘制所测得图 3-12-4 中（15）、（16）、（17）、（18）处轮廓曲线，如图 3-12-19 所示。绘制完成后退出草图环境，单击"拉伸"命令📐，弹出"拉伸"对话框，"结束点 E"输入所测得图 3-12-4 中（19）处的深度尺寸，使用"布尔运算"→"减运算"拉伸特征，如图 3-12-20 所示。

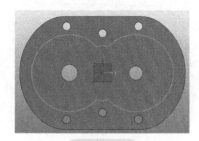

图 3-12-19

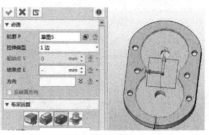

图 3-12-20

10）使用游标卡尺测量图 3-12-4 中（20）、（21）处轮廓尺寸，如图 3-12-21 所示。

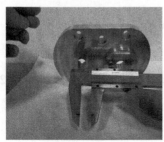

a) 测量 (20) 处尺寸

b) 测量 (21) 处尺寸

图 3-12-21

11）旋拉伸内腔台阶。

① 单击"草图"命令💾，弹出"草图"对话框，单击端面创建草图平面，如图 3-12-22 所示。

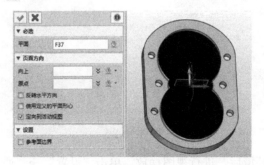

图 3-12-22

② 绘制所测得图 3-12-4 中（20）、（21）处轮廓曲线，如图 3-12-23 所示。绘制完成后退出草图环境，单击"拉伸"命令，弹出"拉伸"对话框，"结束点 E"输入至贯穿轴孔的深度尺寸，使用"布尔运算"→"减运算"拉伸特征，如图 3-12-24 所示。

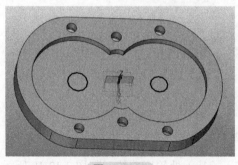

图 3-12-23

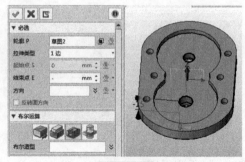

图 3-12-24

12）箱盖最终的模型如图 3-12-25 所示。

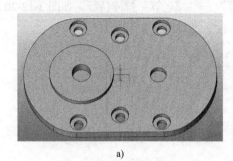

a)

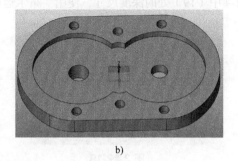

b)

图 3-12-25

活动二　三维模型转 2D 工程图

1）单击"2D 工程图"功能命令，弹出"选择模板"对话框，如图 3-12-26 所示。单击【确定】进入工程图环境。

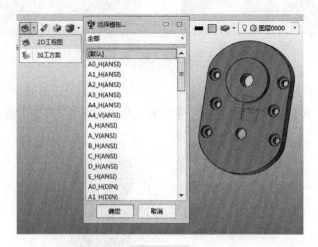

图 3-12-26

2）进入 2D 工程图环境后，进行视图摆放，单击"设置"→"通用"下的"显示消隐线"

图标，如图 3-12-27 所示。

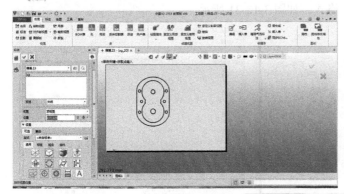

图 3-12-27

3）单击"全剖视图"功能命令 ，弹出"全剖视图"对话框，"基准视图"单击箱体视图，"点"为 Y 轴上的由上到下两个点，"位置"单击放至合适的距离位置，如图 3-12-28 所示。

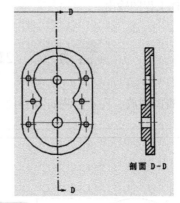

图 3-12-28

4）单击"投影"功能命令 ，弹出"投影"对话框，"基准视图"单击 D-D 剖视图，"位置"单击放在 D-D 剖视图的正右手边合理的位置，如图 3-12-29 所示。

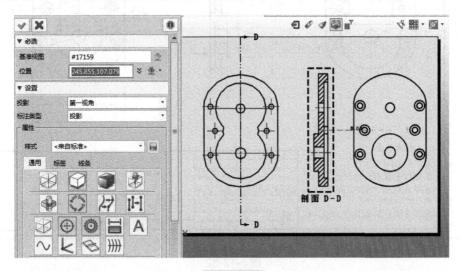

图 3-12-29

5）确定视图表达完整后，右键单击图框左下角"图纸 1"，选择"输出"2D 工程图。如

图 3-12-30 所示。单击"输出"后弹出"选择输出文件"对话框,保存在指定文件夹,单击"保存类型(T)"为"DWG /DXF File"格式,如图 3-12-31 所示。

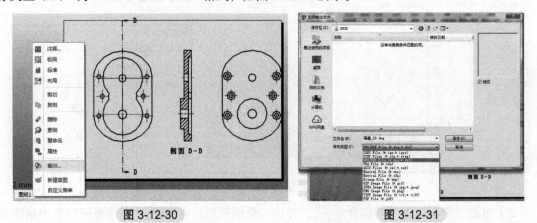

图 3-12-30　　　　　　　　　　　　图 3-12-31

6)单击【保存】后,弹出"DWG/DXF File 文件生成"对话框,全部为默认,最后单击【确定】,完成 2D 工程图输出。

活动三　2D 工程图表达

图幅选择、视图摆放、尺寸标注如图 3-12-32 所示。

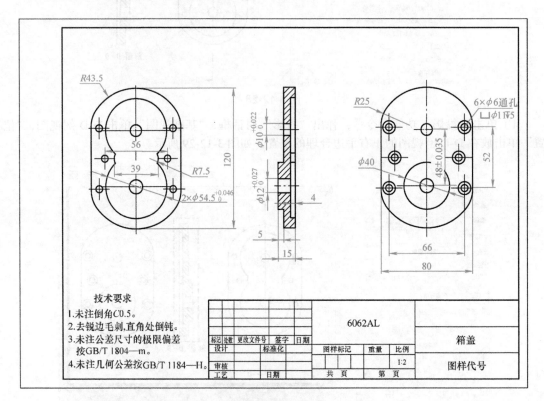

图 3-12-32

1)双击打开输出后的箱盖 2D 工程图,通过"机械"工具条上的"图幅设置"功能命令,或者直接输入"TF"按【Enter】键,弹出"图幅设置"对话框,如图 3-12-33 所示。根据齿轮的轮廓大小选择"图幅大小","布置方式"根据视图的摆放需要可选择"横置"或"纵置","绘图比例"根据实际需要选择,"标题栏"选择"标题栏 –5","附加栏"、"代号栏"、"参数栏"等根据需要勾选,单击【确定】,如图 3-12-34 所示。

图 3-12-33

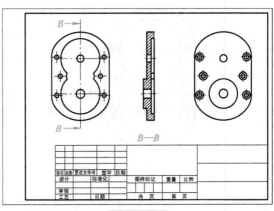

图 3-12-34

2)线宽修改与视图摆放。单击"图层特性"功能命令 ,弹出"图层特性管理器"对话框,将线宽的大小进行修改,如图 3-12-35 所示。输入"m"按【Enter】键,对视图进行合理的摆放,如图 3-12-36 所示。

图 3-12-35

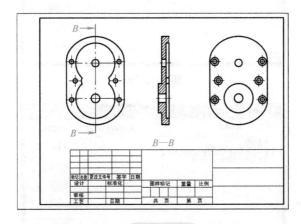

图 3-12-36

3)线型修改与尺寸标注。对视图多余的曲线进行删除和修剪,添加或修改中心线,修改剖切线与剖切符号,对各个尺寸进行标注,如图 3-12-37 所示。

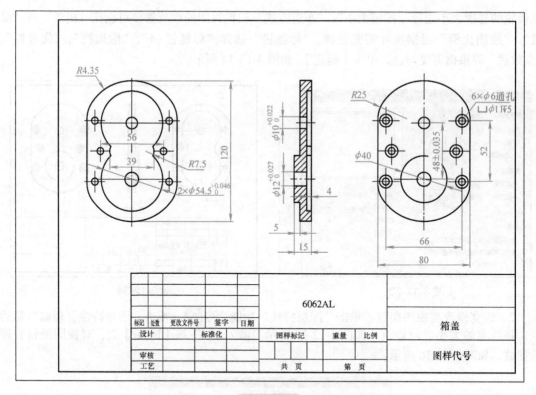

图 3-12-37

4）添加技术要求。输入"TJ"按【Enter】键，在左下角单击鼠标左键拖动出一个矩形，添加技术要求，弹出"技术要求"对话框，如图 3-12-38 所示。在技术要求空白处输入相关箱盖技术要求，如图 3-12-39 所示。

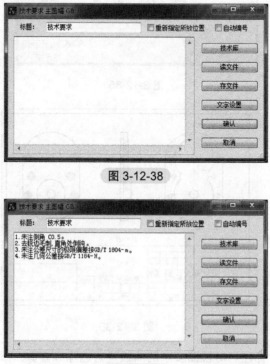

图 3-12-38

图 3-12-39

5）单击【确认】后，将字体摆放在合理的位置，如图 3-12-40 所示。

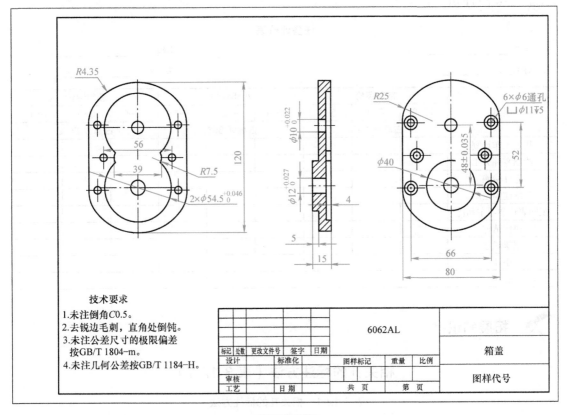

图 3-12-40

6）双击标题栏，弹出"属性高级编辑"对话框，在"图样名称"处输入"箱盖"，在"产品名称或材料标记"处根据实际零件材料填写，"图样代号"根据图纸要求填写，"设计"和"日期"根据需要填写，如图 3-12-41 所示。最后单击【确定】完成图纸标注。

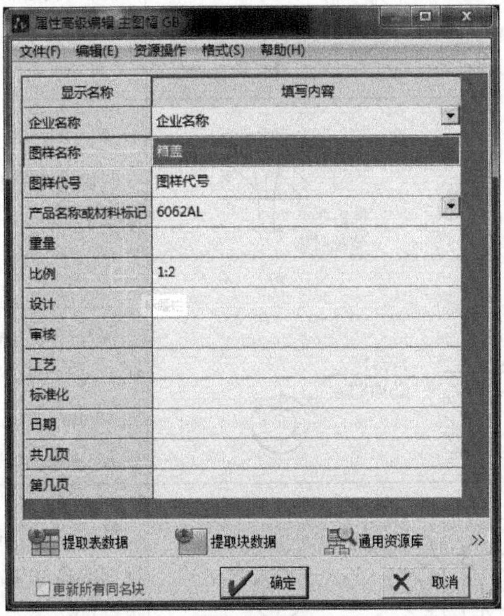

图 3-12-41

考核评价

任务评价表

班级＿＿＿＿＿＿＿＿＿　　　　　　　　　　　　小组号＿＿＿＿＿＿＿＿＿

姓名＿＿＿＿＿＿＿＿＿　　　　　　　　　　　　学　号＿＿＿＿＿＿＿＿＿

项目	自我评价			小组评价			教师评价		
	10~9	8~6	5~1	10~9	8~6	5~1	10~9	8~6	5~1
	占总评 10%			占总评 30%			占总评 60%		
指定工作计划									
绘制零件分工									
零件检测									
三维建模绘制									
视图表达学习主动性									
协作精神									
纪律观念									
小计									
总评									

 拓展知识

相关孔的标注方法（表 3-12-1）

表 3-12-1　相关孔的标注方法

零件结构	标注方法	说明
螺纹孔	4×M6▽8 孔▽12　或　4×M6▽8 孔▽12　　4×M6 2×C1　或　4×M6 2×C1 a)　　　　b)	图 a 4×M6 表示有四个同样的螺纹孔，螺纹孔深度为 8mm，钻孔深度为 12mm 图 b 表示螺纹孔为通孔，两端倒角有 1mm× 45°
锥销孔	锥销孔φ5 装配时作　锥销孔φ5 装配时作　　锥销孔φ5 装配时作 a)　　　　b)	圆锥销孔的锥度是 1:50，锥孔为通孔，两端倒角 1mm×45°
台阶孔	4×φ11 ⊔φ18▽5　　4×φ11 ⊔φ18▽5	符号"⊔"表示"沉孔"（更大一些的圆柱孔）或平（孔端刮出一圆平面），此外沉孔直径为 18mm，沉孔深度为 5mm，标注时若无深度要求，则表示刮出一指定直径的圆平面即可
沉孔	4×φ11 ∨φ20×90　　4×φ11 ∨φ20×90	符号"∨"表示"埋头孔"（孔口作出倒圆锥坡的孔），此处，锥台大头直径 20，锥台面顶角 90°

课后练习

请结合所学知识，对图 3-12-42 所示零件图进行三维建模。

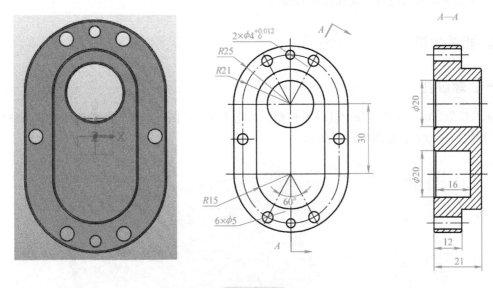

图 3-12-42

任务 3-13　箱体的建模与生成二维图

任务描述

测量图 3-13-1 所示零件（箱体），用中望 3D 软件构建三维模型，用中望 CAD 软件绘制出符合国家标准的零件图。

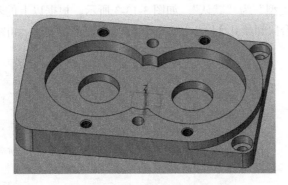

图 3-13-1

知识目标

● 掌握软件螺纹孔功能的应用方法
● 掌握零件螺纹孔的测量方法
● 进一步掌握箱体类零件工程图的绘制方法

能力目标

- 学会利用软件进行轴承孔的定位误差标注
- 学会利用量具进行螺纹孔尺寸的测量

 相关知识

一、螺纹孔

使用孔命令可一次生成螺纹孔三维模型，简化了进入草图环境下绘制轮廓线的命令与螺旋命令 / 螺旋扫掠命令，如图 3-13-2 所示。

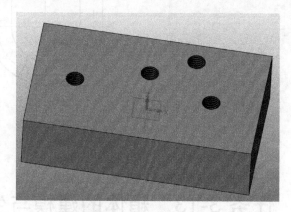

图 3-13-2

二、螺纹孔的规格

在新建文件环境下，可随意拉伸三维模型。单击"孔"功能命令，弹出"孔"对话框，类型选择"螺纹孔"，在三维模型表面上随意单击位置，"孔造型"为默认"简单孔"，"尺寸"根据需要选择，"深度类型"为"默认"，如图 3-13-3 所示。根据以上的步骤只更改孔造型可以得到【锥形螺纹孔】【台阶螺纹孔】【沉孔螺纹孔】【台阶面螺纹孔】，如图 3-13-4 所示。

a) 锥形螺纹孔   b) 台阶螺纹孔

c) 沉孔螺纹孔   d) 台阶面螺纹孔

图 3-13-3   图 3-13-4

任务实施

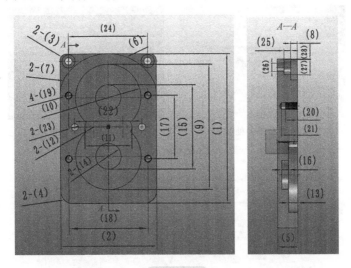

活动一　　箱体三维建模

测量零件并用中望 3D 软件完成输入轴三维建模，如图 3-13-5 所示。

图 3-13-5

1）创建零件文件：单击【新建】工具图标，弹出"新建文件"对话框，输入零件名称"箱体"，如图 3-13-6 所示。单击【确定】按钮进入建模界面。

图 3-13-6

2）使用游标卡尺与 R 规测量图 3-13-5 中（1）、（2）、（3）、（4）、（5）处轮廓尺寸，如图 3-13-7 所示。

3）拉伸矩形体。单击"草图"命令，弹出"草图"对话框，"平面"选择 XY 平面，进入"草图"环境下，单击"矩形"命令，输入图 3-13-5 中（1）、（2）、（3）、（4）处所测得轮廓尺寸，分别输入"宽度"与"高度"，单击"圆角"命令，输入圆角尺寸进行倒圆角。完成绘制退出草图后，使用"拉伸"命令，选择"布尔运算"→"基体"拉伸至所测得图 3-13-5 中（5）处尺寸，如图 3-13-8 所示。

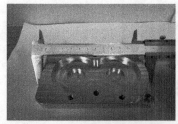
a) 测量 (1) 处尺寸

b) 测量 (2) 处尺寸

c) 测量 (3) 处尺寸

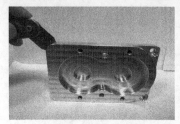
d) 测量 (4) 处尺寸

e) 测量 (5) 处尺寸

图 3-13-7

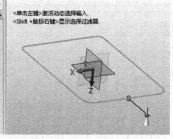

图 3-13-8

4）使用游标卡尺与半径样板测量图 3-13-5 中（6）、（7）、（8）处轮廓尺寸如图 3-13-9 所示。

a) 测量 (6) 处尺寸

b) 测量 (7) 处尺寸

c) 测量 (8) 处尺寸

图 3-13-9

5）拉伸圆弧台阶。

① 单击"草图"命令，弹出"草图"对话框，单击端面创建草图平面，如图 3-13-10 所示。

图 3-13-10

② 绘制所测得图 3-13-5 中（6）、（7）处圆弧的轮廓曲线，连成封闭的轮廓，如图 3-13-11 所示。绘制完成后退出草图环境，单击"拉伸"命令 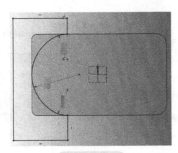，"结束点 E"输入所测得图 3-13-5 中（8）处矩形的高度尺寸，使用"布尔运算"→"减运算"拉伸特征，如图 3-13-12 所示。

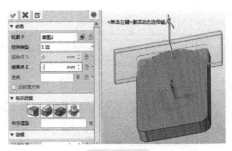

图 3-13-11   图 3-13-12

6）使用游标卡尺与半径样板测量图 3-13-5 中（9）、（10）、（11）、（12）、（13）处轮廓尺寸，如图 3-13-13 所示。

a) 测量 (9) 处尺寸   b) 测量 (10) 处尺寸   c) 测量 (11) 处尺寸

d) 测量 (12) 处尺寸   e) 测量 (13) 处尺寸

图 3-13-13

7）拉伸圆弧内腔。

① 单击"草图"命令 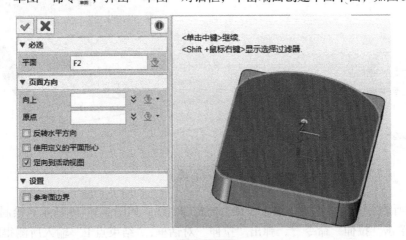，弹出"草图"对话框，单击端面创建草图平面，如图 3-13-14 所示。

图 3-13-14

② 绘制所测得图 3-13-5 中（9）、（10）、（11）、（12）处轮廓曲线，如图 3-13-15 所示。绘制完成后退出草图环境，单击"拉伸"命令，弹出"拉伸"对话框，"结束点 E"输入所测得图 3-13-5 中（13）处内腔的深度尺寸。使用"布尔运算"→"减运算"拉伸特征，如图 3-13-16 所示。

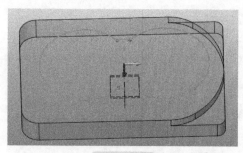

图 3-13-15　　　　　　　　　　图 3-13-16

8）使用游标卡尺测量图 3-13-5 中（14）、（15）、（16）处轮廓尺寸，如图 3-13-17 所示。

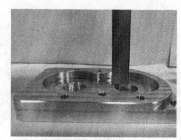

a) 测量 (14) 处尺寸　　　　　b) 测量 (15) 处尺寸　　　　　c) 测量 (16) 处尺寸

图 3-13-17

9）拉伸轴承孔。

① 单击"草图"命令，弹出"草图"对话框，单击端面创建草图平面，如图 3-13-18 所示。

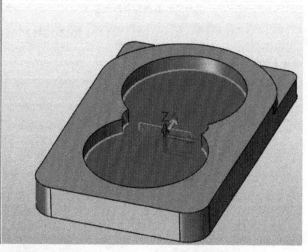

图 3-13-18

② 绘制所测得图 3-13-5 中（14）、（15）处轮廓曲线，如图 3-13-19 所示。绘制完成后退出草图环境，单击"拉伸"命令，弹出"拉伸"对话框，"结束点 E"输入所测得图 3-13-5 中（16）处轴承孔的深度尺寸，使用"布尔运算"→"减运算"拉伸特征，如图 3-13-20 所示。

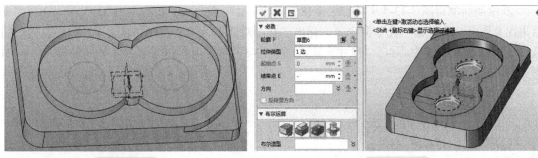

图 3-13-19   图 3-13-20

10）使用游标卡尺测量图 3-13-5 中（17）、（18）、（19）、（20）、（21）处轮廓尺寸，如图 3-13-21 所示。

11）拉伸螺纹孔。

① 单击"草图"命令，弹出"草图"对话框，单击端面创建草图平面，如图 3-13-22 所示。

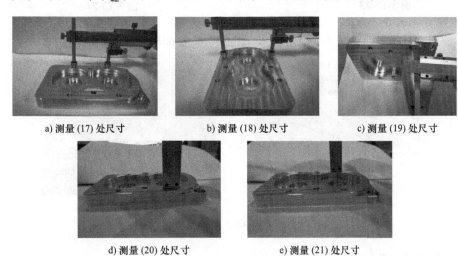

a) 测量 (17) 处尺寸   b) 测量 (18) 处尺寸   c) 测量 (19) 处尺寸

d) 测量 (20) 处尺寸   e) 测量 (21) 处尺寸

图 3-13-21

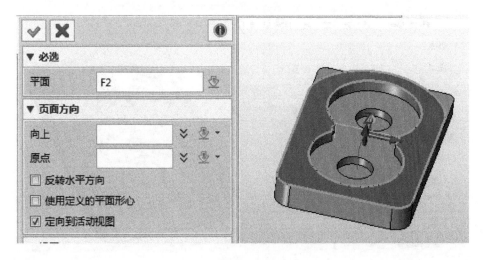

图 3-13-22

②绘制所测得图 3-13-5 中（17）、（18）、（19）处轮廓曲线，如图 3-13-23 所示。绘制完成后退出草图环境，单击"孔"命令，弹出"孔"对话框，类型选择"螺纹孔"，"位置"分别选择轮廓曲线的曲线中心点，"尺寸"输入图 3-13-5 中（19）、（20）、（21）处所测得尺寸，如图 3-13-24 所示。

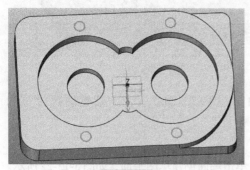

图 3-13-23

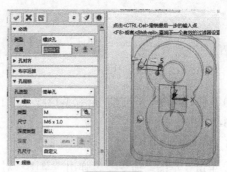

图 3-13-24

12）使用游标卡尺测量图 3-13-5 中（22）、（23）处轮廓尺寸，如图 3-13-25 所示。

a) 测量 (22) 处尺寸

b) 测量 (23) 处尺寸

图 3-13-25

13）拉伸螺纹通孔。

①单击"草图"命令，弹出"草图"对话框，单击端面创建草图平面，如图 3-13-26 所示。

图 3-13-26

② 绘制所测得图 3-13-5 中（22）、（23）处轮廓曲线，如图 3-13-27 所示。绘制完成后退出草图环境，单击"拉伸"命令，弹出"拉伸"对话框，"结束点 E"输入的数值大于或等于图 3-13-5 中（5）处深度尺寸即可，使用"布尔运算"→"减运算"拉伸特征，如图 3-13-28 所示。

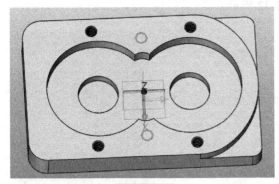

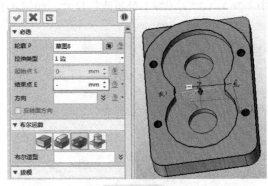

图 3-13-27　　　　　　　　　　　　图 3-13-28

14）使用游标卡尺测量图 3-13-5 中（24）、（25）、（26）、（27）、（28）处轮廓尺寸，如图 3-13-29 所示。

a) 测量（24）处尺寸　　　b) 测量（25）处尺寸　　　c) 测量（26）处尺寸

d) 测量（27）处尺寸　　　　　e) 测量（28）处尺寸

图 3-13-29

15）拉伸台阶通孔。

① 单击"草图"命令，弹出"草图"对话框，单击"端面"创建草图平面，如图 3-13-30 所示。

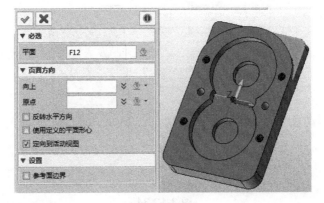

图 3-13-30

② 绘制所测得图 3-13-5 中（24）、（25）、（26）处轮廓尺寸曲线，如图 3-13-31 所示。绘制完成后退出草图环境，单击"孔"命令 ，弹出"孔"对话框，"类型"选择"常规孔"，"位置"分别选择两个轮廓曲线的中心点，"孔类型"选择"台阶孔"，"规格"分别输入图 3-13-5 中（26）、（27）、（28）处所测得尺寸，如图 3-13-32 所示。

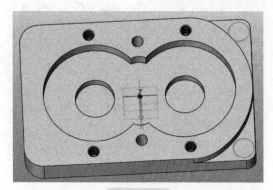

图 3-13-31

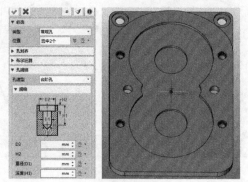

图 3-13-32

16）箱体最终的模型如图 3-13-33 所示。

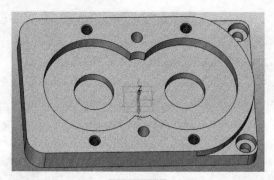

图 3-13-33

活动二　**三维模型转 2D 工程图**

1）单击"2D 工程图"功能命令 ，弹出"选择模板"对话框，如图 3-13-34 所示。单击【确定】进入工程图环境。

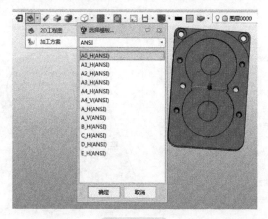

图 3-13-34

2）进入 2D 工程图环境后，进行视图摆放，如图 3-13-35 所示。

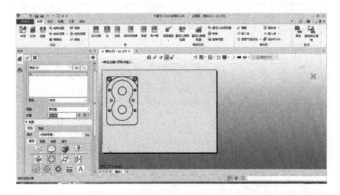

图 3-13-35

3）单击"对齐剖视图"功能命令 ，弹出"全剖视图"对话框，"基准视图"单击选择齿轮视图，"点"为 Y 轴上的由上到下两个点，"位置"单击放至合适的距离位置，如图 3-13-36所示。

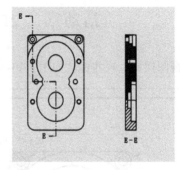

图 3-13-36

4）确定视图表达完整后，右键单击图框左下角"图纸 1"选择"输出"2D 工程图。如图 3-13-37 所示。单击"输出"后弹出"选择输出文件"对话框，保存在指定文件夹，"保存类型（T）"选择"DWG /DXF File"格式，如图 3-13-38 所示。

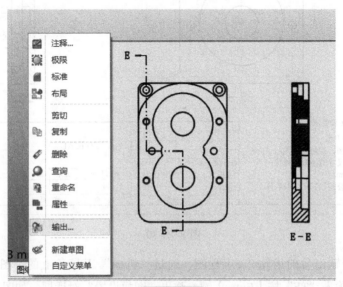

图 3-13-37

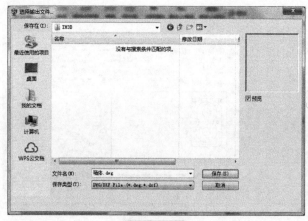

图 3-13-38

5）单击【保存】后，弹出"DWG/DXF File 文件生成"对话框，全部为默认，最后单击【确定】，完成 2D 工程图输出。

活动三 2D 工程图表达

图幅选择、视图摆放、尺寸标注如图 3-13-39 所示。

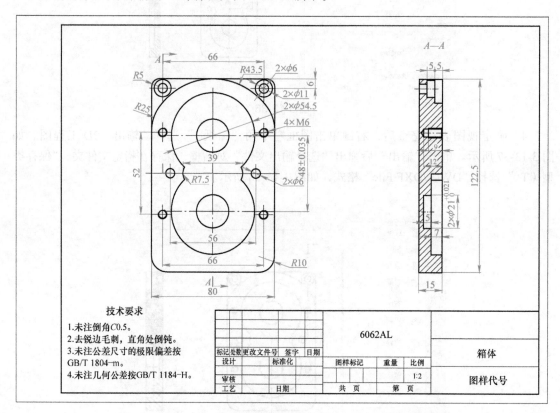

图 3-13-39

1）双击打开输出后的齿轮 2D 工程图，通过"机械"工具条上的"图幅设置"功能命令，或者直接输入"TF"按【Enter】键，弹出"图幅设置"对话框，如图 3-13-40 所示。根据齿轮的轮廓大小选择图幅大小，布置方式根据视图的摆放需要可选择"横置"或"纵置"，绘图比例根据实际需要选择，标题栏以及附加栏、代号栏、参数栏等根据需要勾选，单击【确定】，如图 3-13-41 所示。

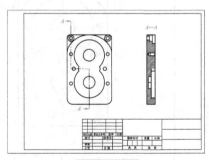

图 3-13-40　　　　　　　　　　　　图 3-13-41

2）线宽修改与视图摆放。单击"图层特性"功能命令 ，弹出"图层特性管理器"对话框，如图 3-13-42 所示。将线宽的大小进行修改。输入"m"按【Enter】键，对视图进行合理的摆放，如图 3-13-43 所示。

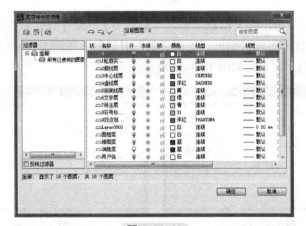

图 3-13-42

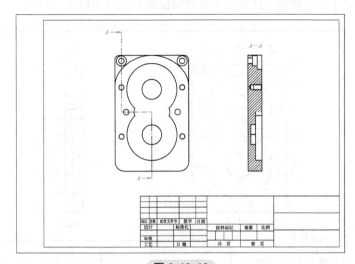

图 3-13-43

3）线型修改与尺寸标注。对视图多余的曲线进行删除和修剪，添加或修改中心线，修改剖切线与剖切符号，对各个尺寸进行标注，如图 3-13-44 所示。

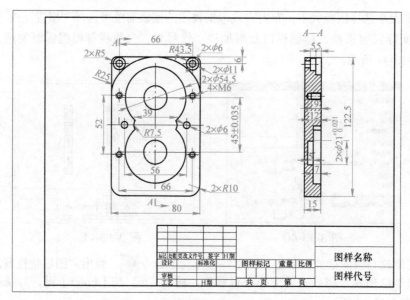

图 3-13-44

4）添加技术要求与齿轮相关参数。输入"TJ"按【Enter】键，在左下角单击鼠标左键拖动出一个矩形，添加技术要求，弹出"技术要求"对话框，如图 3-13-45 所示。在技术要求空白处，输入相关箱体技术要求，如图 3-13-46 所示。

图 3-13-45

图 3-13-46

5）单击【确认】后，调整字体摆放在合理的位置，如图 3-13-47 所示。

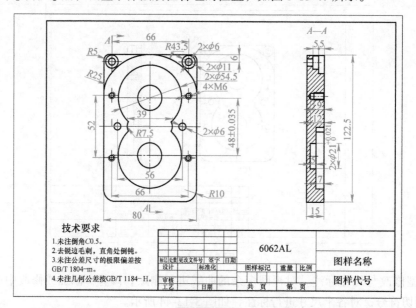

图 3-13-47

6）双击标题栏，弹出"属性高级编辑"对话框，"图样名称"输入"箱体"，"产品名称或材料标记"处根据实际零件材料填写，"图样代号"根据图纸要求填写，"设计"和"日期"根据需要填写，如图 3-13-48 所示。最后单击【确定】完成图纸标注。

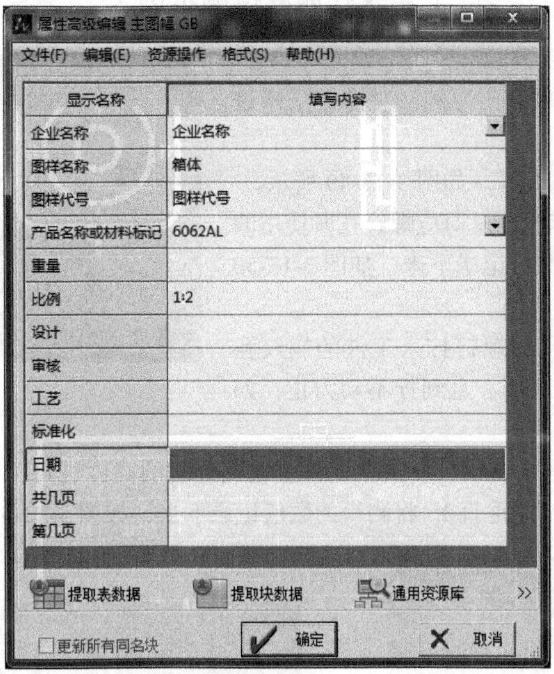

图 3-13-48

考核评价

任务评价表

班级＿＿＿＿＿＿＿＿　　　　　　　小组号＿＿＿＿＿＿＿＿

姓名＿＿＿＿＿＿＿＿　　　　　　　学　号＿＿＿＿＿＿＿＿

项目	自我评价			小组评价			教师评价		
	10~9	8~6	5~1	10~9	8~6	5~1	10~9	8~6	5~1
	占总评 10%			占总评 30%			占总评 60%		
指定工作计划									
绘制零件分工									
零件检测									
三维建模绘制									
视图表达学习主动性									
协作精神									
纪律观念									
小计									
总评									

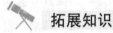
拓展知识

螺纹孔深度检测示例

1. 螺纹孔深度检测步骤

以 FPKC–1 的 M8 螺纹孔为例，对操作步骤进行说明：

1）首先校验卡尺，归零，如图 3-13-49 所示。

2）然后用归零的卡尺测量对应螺纹孔所使用的螺钉的长度，将测得的数值记录下来，如图 3-13-50 所示。

3）使用对应螺纹孔的螺钉拧入工件的螺纹孔内，一直拧到螺纹孔的底部，直到拧不动为止，如图 3-13-51 所示。

图 3-13-49

4）用归零的卡尺尾端的副尺对露在工件螺纹孔外端的高度进行测量（此处测量时需注意尾端副尺需与露出的螺钉面垂直），将测得的数值记录下来，如图 3-13-52 和图 3-13-53 所示。

测得的 M8 螺钉长度 L_1=37.76mm

图 3-13-50

图 3-13-51

图 3-13-52

测得的数值为 L_2=14.4mm

图 3-13-53

5）该 M8 螺纹孔的深度为图 3-13-50 中的 L_1 减去图 3-13-53 的 L_2，即 $L=L_1-L_2$=37.76mm－14.4mm=23.36mm。

2. 螺纹孔深度判定

1）如果图纸上有特殊定义，按照图纸要求进行管控和判定接受。例如，某产品图纸上要求 M10 螺纹孔牙深为 15~17mm，则质量控制和接受标准为 M10 牙深为 15~17mm。

2）图纸中没有特殊要求，一律按照如下标准进行质量控制和接受标准：在实际生产中螺纹孔的有效牙深往往大于图纸要求的深度，此目的是为了有效避免螺纹孔深度偏浅，导致螺纹孔在客户端装配时出现牙深不够造成的装配不良，以及生产过程中丝攻在底部出现挤压现象而导致的螺牙受损异常，对此螺纹孔深度判定标准做如下要求：

① 有效牙深需大于图纸定义的有效牙深。

② 有效牙深以螺纹孔背面不出现鼓包、裂纹、牙攻穿为最大接受准则。

③ 当丝攻的前端有尖头时，计算有效牙深时需减去尖头部分。

根据上述要求，以 FPKC–1 的 M8 螺纹孔为例进行说明：

① M8 螺纹孔深度标准。图纸中要求 M8 螺纹孔深度为 22mm。

② 实际测量的 M8 螺纹孔深度为 23.36mm，大于图纸定义的 22mm 牙深，背面无鼓包、裂纹、牙攻穿现象，故牙深可以接受，判定为合格。

当螺纹孔深度受到工件壁厚影响时，即螺纹孔牙深在满足最大有效牙深而工件壁厚不能满足情况时，在考虑工件不影响装配的情况下，允许牙深最大为 0.5mm。

 课后练习

请结合所学知识，对图 3-13-54 所示零件图进行三维建模。

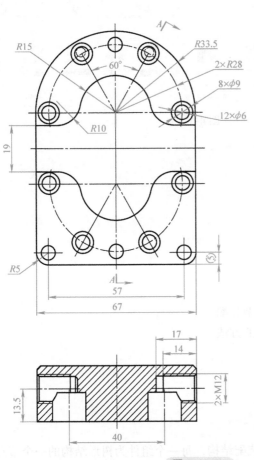

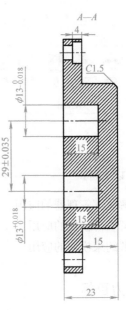

图 3-13-54

任务 4-1　了解装配约束

任务描述

图 4-1-1 所示为中望 3D 软件独立的装配模块，用中望 3D 软件对所需的组件进行装配设计，以及进行装配动画的制作、运动仿真、装配的干涉检查。

图 4-1-1

 知识目标

- 了解装配管理器的应用
- 了解组件模块的应用
- 了解约束模块的应用

 能力目标

- 利用软件约束模块功能进行模型装配
- 掌握在装配体中单独编辑零件的方法

 相关知识

一、装配管理器

在装配管理器中，用树形图表示装配结构，每一个组件为树形结构的一个节点，可以直观地查看到部件和装配间的关系，如图 4-1-2 所示。

图 4-1-2

二、组件模块

1）组件插入。插入功能是将一个现有的零件或装配体插入到当前的装配中，新插入的组件将成为当前装配节点的子零件或子装配。

单击【装配】→【插入】，单击图标 ，系统弹出"插入"对话框，如图 4-1-3 所示。

图 4-1-3

2）组件编辑。在装配管理器中或者在绘图区中选中某个组件，然后单击鼠标右键，系统会弹出相应的快捷菜单，选择"编辑零件"，即可进入该零件的编辑环境，如图 4-1-4 所示。

图 4-1-4

三、组件约束

约束功能是为现有的装配组件添加配合关系，中望 3D 软件共提供了 8 种配对方式，如图 4-1-5 所示。

单击【装配】→【约束】，单击图标 ，系统弹出"约束"对话框，如图 4-1-6 所示。

图 4-1-5   图 4-1-6

⊕：创建一个重合约束。组件将会保持重合（如共享同样的曲线、边、曲面或基准面）。

Ω：创建一个相切约束。

◎：创建一个同心约束。

∥：创建一个平行约束。

⊥：创建一个垂直约束。

∠：创建一个角度约束。

🔒：创建一个锁定约束。

H：创建一个距离约束。如果约束对象为两个平行的面，则偏移距离默认为面之间的距离。

∥：创建一个置中约束。

＝：创建一个对称约束。

🦶：创建一个坐标约束。

任务实施

活动一 插入组件

在齿轮偏心滑块机构装配体中插入"基座"零件，如图 4-1-7 所示。

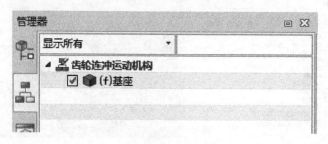

图 4-1-7

1）创建零件文件：单击【新建】工具图标 ▯，弹出"新建文件"对话框，输入零件名称"齿轮偏心滑块机构"，如图 4-1-8 所示。单击【确定】按钮进入装配界面。

2）单击"插入"，单击图标 🕹，弹出"插入"对话框，如图 4-1-9 所示。

图 4-1-8

图 4-1-9

3）添加"基座"零件。选择"从现有文件插入"图标 ![icon]，选择文件 ![icon]，弹出"文件选择"对话框，如图 4-1-10 所示。选择"基座"文件进行打开，如图 4-1-11 所示。

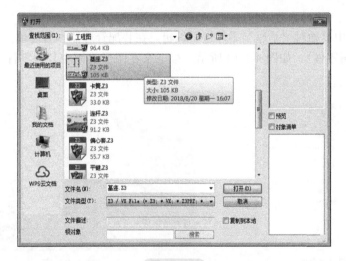

图 4-1-10

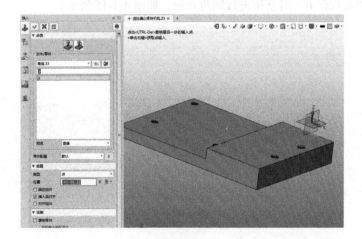

图 4-1-11

4）对"基座"零件进行定位，在坐标系原点对零件进行固定约束。"放置"栏中"位置"选项输入"0，0"；勾选"固定组件"选项，最后在图形界面右上角单击【确定】 ![icon]，如图 4-1-12 所示。

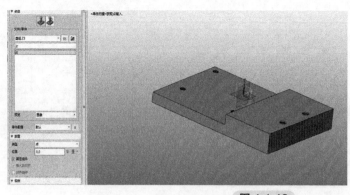

图 4-1-12

活动二　组件编辑

1）在装配体中单独对"基座"零件进行编辑。在装配管理器中右键单击"基座"，弹出选项框，选择"编辑零件"，如图 4-1-13 所示。接下来在图形界面中其他零件会进行消隐处理，如图 4-1-14 所示。

图 4-1-13

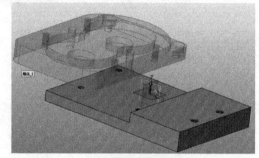

图 4-1-14

2）在单独编辑状态下，对基座进行倒角处理，如图 4-1-15 所示。

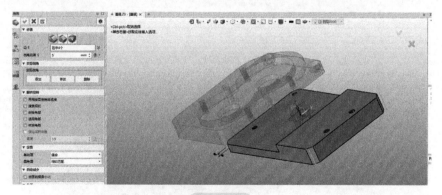

图 4-1-15

活动三　组件约束

1）在装配体中对箱体与基座进行约束对齐，使用重合指令 ⊕，单击"箱体"的底面与

"基座"的装配面进行重合约束，如图 4-1-16 所示。

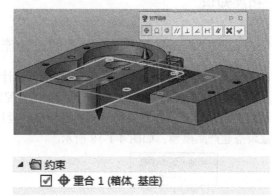

图 4-1-16

2）对"箱体"与"基座"的安装孔进行定位，使用同心指令 ◎ ，分别对"箱体"的对角孔位与"基座"的对角孔位进行同心，如图 4-1-17 所示。

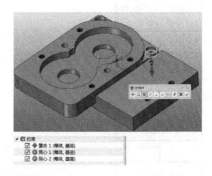

图 4-1-17

考核评价

班级_____　　小组号_____
姓名_____　　学　号_____

项目	自我评价	小组评价	教师评价
	占总评 10%	占总评 30%	占总评 60%
指定工作计划			
插入组件			
组件编辑			
组件约束			
协作精神			
纪律观念			
小计			
总评			

拓展知识

装配的设计流程

　　产品的装配建模一般采用两种模式：自顶向下设计模式和自底向上设计模式。根据不同的设计类型及设计对象的技术特点，可分别选取适当的装配建模设计模式，也可将两种模式相结合。

　　自底向上设计模式一般需要把所有底层零部件设计完成后再进行装配设计，其顺序是从底层向上逐级搭建产品模型，如图 4-1-18 所示。

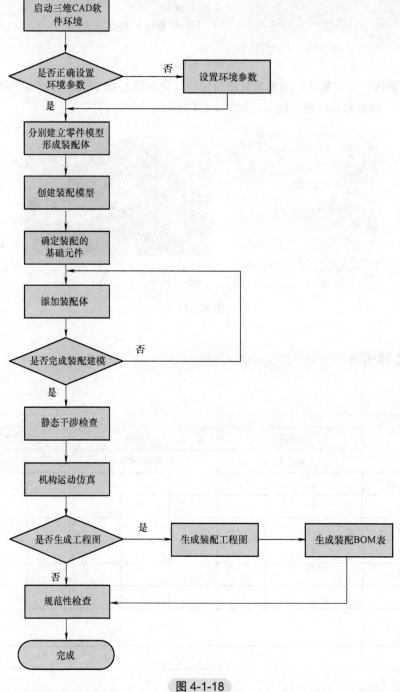

图 4-1-18

自顶向下设计模式既能管理大型组件，又能有效地掌握设计意图。它不仅能在同一设计小组间迅速传递设计信息，达到信息共享的目的，也能在不同的设计小组间传递相同的设计信息，达到协同作战的目的。在开发过程中，通过严谨的沟通管理能让不同的设计部门同步进行产品的设计和开发，如图 4-1-19 所示。

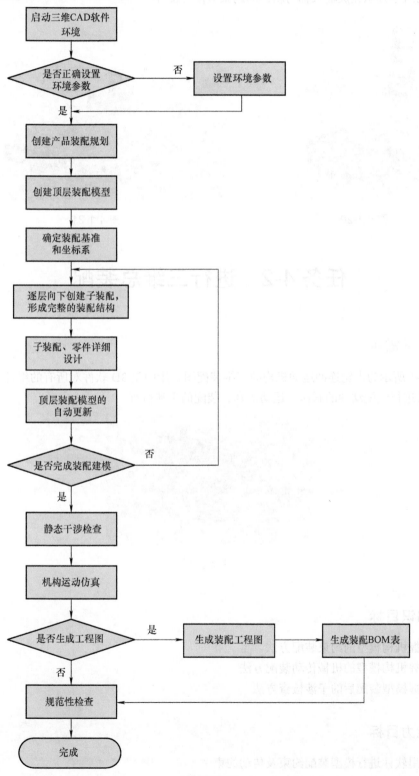

图 4-1-19

课后练习

1. 应用所学知识完成齿轮与输入轴的约束装配（图 4-1-20）。
2. 应用所学知识完成输入轴与箱体的约束装配（图 4-1-21）。

图 4-1-20

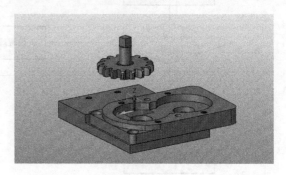

图 4-1-21

任务 4-2　进行三维总装配

 任务描述

图 4-2-1 所示为齿轮连冲运动机构的三维装配图，用中望 3D 软件对所有的组件进行三维总装配，以及进行装配动画的制作、运动仿真、装配的干涉检查。

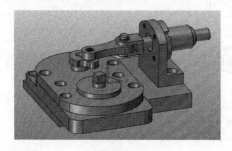

图 4-2-1

 知识目标

- 掌握机构模型的约束装配方法
- 掌握机构模型的机械传动装配方法
- 掌握模型装配后的干涉检查方法

 能力目标

- 利用软件进行模型装配约束及传动约束
- 利用软件进行装配后的机构模型干涉检查

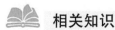
相关知识

一、机械约束

命令功能为激活零件或装配里的两个组件或壳体创建机械对齐约束。用户可以从五个约束条件中选择（啮合、路径、线性耦合、齿轮齿条、螺旋），如图 4-2-2 所示。参考下方必选"输入"和"对齐"选项卡。当定义第二个对齐实体后，可单击鼠标中键完成该命令。图 4-2-3 所示为约束实例。

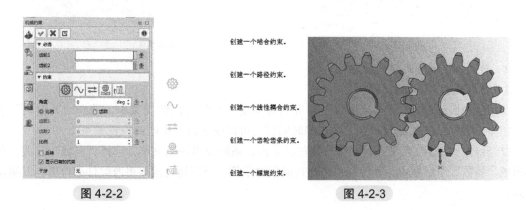

图 4-2-2　　　　　　　　　　　　　　图 4-2-3

二、干涉检查

单击工具栏【装配】→【干涉检查】，单击图标 ，系统弹出"干涉检查"对话框，如图 4-2-4 所示。

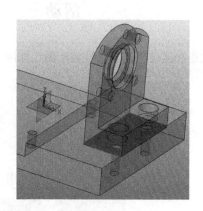

图 4-2-4

三、装配动画

1）装配动画。中望 3D 软件的动画制作是基于各个时间关键帧，在每一个时间点，赋予组件不同的位置关系，同时也能在各个时间点上通过"相机位置"记录组件的不同方向，最终系统将这些时间点的动作按顺序连贯起来，即完成了动画的效果。通过此原理，能完成组件运动关系的动画，以模拟装配过程。

单击工具栏【装配】→【新建动画】，单击图标 ，系统弹出"新建动画"对话框，如图 4-2-5 所示。使用该功能创建一个新的装配动画。单击【确定】按钮后，系统进入动画制作环境，如图 4-2-6 所示。

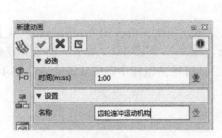

图 4-2-5

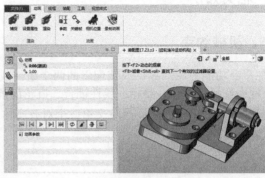

图 4-2-6

2）时间。定义动画时间的总长。

3）名称。定义新动画的名称。

① 关键帧。在动画管理器上方空白处右键单击，系统弹出快捷菜单，选择"关键帧"选项，用于设置动画的关键时间点，在这些时间点上可以赋予组件不同的位置关系。

② 参数。在动画管理器下方空白处右键单击，系统弹出快捷菜单，选择"参数"选项，在弹出的"参数"对话框中，系统列出了组件的配对条件，可以通过这里更改组件的位置，以制作动画。

 任务实施

活动一　装配实例

绘制齿轮连冲运动机构的三维装配图，如图 4-2-7 所示。

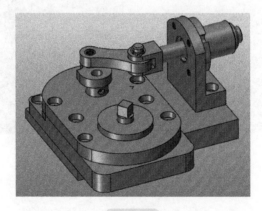

图 4-2-7

一、基座与箱体

1）插入组装机构所需的所有零件，单击【插入多组件】工具图标 ，弹出"插入多组件"对话框，单击文件图标 ，选择所有需要组装的零件，如图 4-2-8 所示。单击【确定】按钮所有组件进入装配界面，如图 4-2-9 所示。

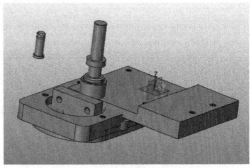

图 4-2-8　　　　　　　　　　　　　　　　　图 4-2-9

2）左键单击所选组件进行拖动，如图 4-2-10 所示，使各个组件相互不重合，为后续的约束装配做准备（约束的时候需要选择相对应的面，若各组件重合，就无法选择所需的面），如图 4-2-11 所示。

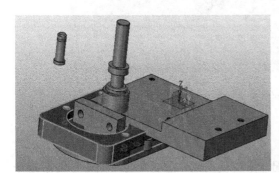

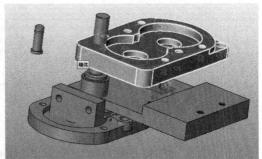

图 4-2-10

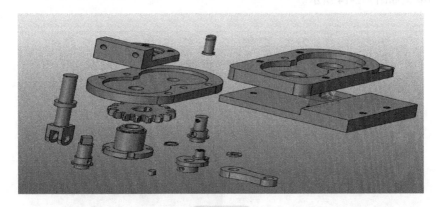

图 4-2-11

3）对"箱体"与"基座"进行约束装配，需要使用"重合"与"同心"约束指令。

单击工具栏【约束】→【同心】功能 ⊚，将"箱体"的对角通孔与"基座"的下台阶的对角螺纹孔进行同心约束，如图 4-2-12 所示。

图 4-2-12

4）单击工具栏【约束】→【重合】功能 ⊕，将"箱体"的底面与"基座"的下台阶的顶面进行重合约束，如图 4-2-13 所示。

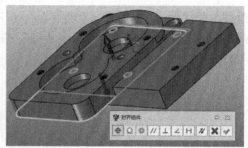

图 4-2-13

二、齿轮与输入轴

1）对"平键"与"输入轴"进行约束装配，需要使用到"重合"与"同心"约束指令。单击工具栏【约束】→【同心】功能 ◎，将"输入轴"的键槽两圆弧面与"平键"的两圆弧面进行同心约束，如图 4-2-14 所示。

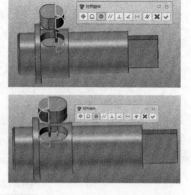

图 4-2-14

2）单击工具栏【约束】→【重合】功能 ⊕，将"平键"的底面与"输入轴"的键槽底面进行重合约束，如图 4-2-15 所示。

图 4-2-15

3）对"齿轮"与"输入轴和平键装配体"进行约束装配，需要使用到"重合""同心"与"平行"约束指令。

单击工具栏【约束】→【同心】功能 ，将"输入轴"的轴身处与"齿轮"的内孔进行同心约束，如图 4-2-16 所示。

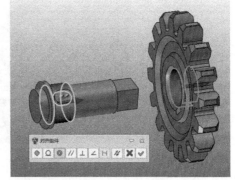

图 4-2-16

4）单击工具栏【约束】→【平行】功能 //，将"平键"的侧面与"齿轮"的键槽侧面进行平行约束，如图 4-2-17 所示。

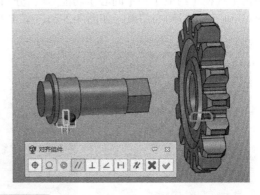

图 4-2-17

5）单击工具栏【约束】→【重合】功能 ⊕，将"输入轴"的轴肩与"齿轮"的侧面进行重合约束，如图 4-2-18 所示。

图 4-2-18

温馨提示：因为输出轴与输入轴的结构相似，其装配原理一致，采用的约束方法一致，做法与输入轴一致，故不作具体的介绍，如图 4-2-19 所示。

图 4-2-19

三、输入轴、输出轴与箱体

1）对"输入轴、输出轴"与"箱体"进行约束装配，需要使用到"重合"与"同心"约束指令。

单击工具栏【约束】→【同心】功能 ◎，分别将"输出轴"和"输入轴"的轴身处与"箱体"的对应孔位进行同心约束，如图 4-2-20、图 4-2-21 所示。

图 4-2-20

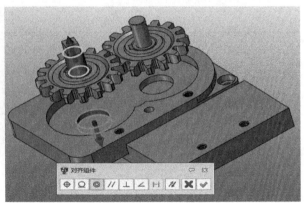

图 4-2-21

2）单击工具栏【约束】→【重合】功能 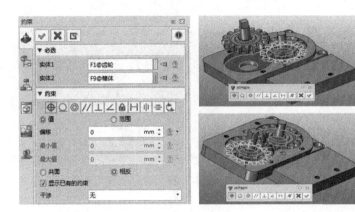，分别将"输入轴齿轮"和"输出轴齿轮"的底面处与"箱体"的内腔底面进行重合约束，如图 4-2-22 所示。

图 4-2-22

四、箱盖与箱体

1）对"箱盖"与"箱体"进行约束装配，需要使用到"重合"与"同心"约束指令。

单击工具栏【约束】→【同心】功能 ，分别将"输入轴"和"输出轴"的轴身处与"箱盖"的对应孔位进行同心约束，如图 4-2-23、图 4-2-24 所示。

图 4-2-23

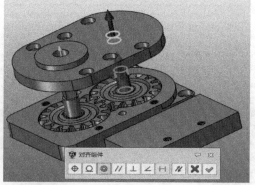

图 4-2-24

2）单击工具栏【约束】→【重合】功能 ⊕，将"箱盖"的底面处与"箱体"的顶面进行重合约束，如图 4-2-25 所示。

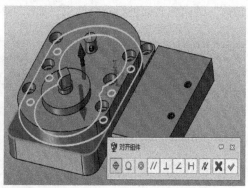

图 4-2-25

五、缸体与缸体支承座

1）对"缸体支承座"与"基座"进行约束装配，需要使用到"重合"与"同心"约束指令。

单击工具栏【约束】→【同心】功能 ⊕，分别将"缸体支承座"的两沉头孔位与"基座"的螺纹孔位进行同心约束，如图 4-2-26 所示。

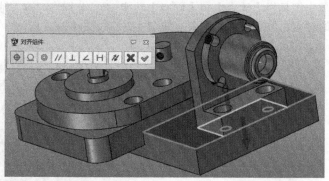

图 4-2-26

2）单击工具栏【约束】→【重合】功能 ⊕，将"缸体支承座"的底面处与"基座"的顶面进行重合约束，如图 4-2-27 所示。

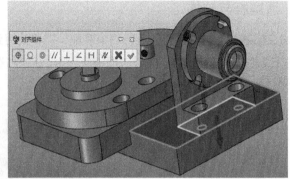

图 4-2-27

六、偏心套与输出轴

1）对"偏心套"与"输出轴"进行约束装配，需要使用到"重合"与"同心"约束指令。

单击工具栏【约束】→【同心】功能 ◎，将"偏心套"的中心孔位与"输出轴"的轴头进行同心约束，如图 4-2-28 所示。

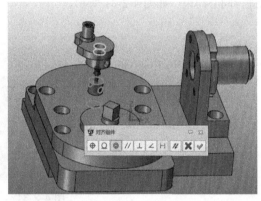

图 4-2-28

2）单击工具栏【约束】→【同心】功能 ◎，将"偏心套"的侧边孔位与"输出轴"的轴头螺纹孔进行同心约束，如图 4-2-29 所示。

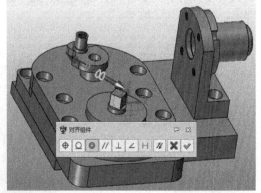

图 4-2-29

七、活塞杆与缸体

1）对"活塞杆"与"缸体"进行约束装配，需要使用到"重合"与"平行"约束指令。

单击工具栏【约束】→【同心】功能 ，将"活塞杆"的中心轴线与"缸体"的中心轴线进行同心约束，如图 4-2-30 所示。

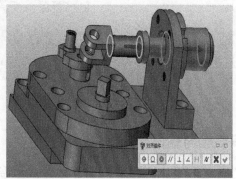

图 4-2-30

2）单击工具栏【约束】→【同心】功能 ◎，将"偏心套"的侧边孔位与"输出轴"的轴头螺纹孔进行同心约束，如图 4-2-31 所示。

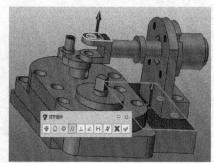

图 4-2-31

八、连杆与偏心套

1）对"连杆"与"偏心套"进行约束装配，需要使用到"重合"与"平行"约束指令。

单击工具栏【约束】→【同心】功能 ◎，将"连杆"的小端通孔与"偏心套"的圆柱凸台进行同心约束，如图 4-2-32 所示。

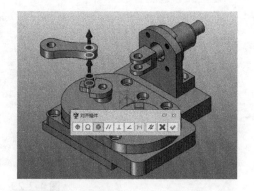

图 4-2-32

2）单击工具栏【约束】→【重合】功能 ⊕，将"连杆"的底面与"偏心套"的圆柱凸台底面进行重合约束，如图 4-2-33 所示。

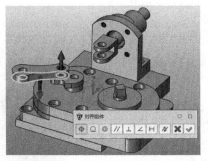

图 4-2-33

九、连杆与活塞杆

1）对"连杆"与"活塞杆"进行约束装配，需要使用到"重合"与"同心"约束指令。

单击工具栏【约束】→【同心】功能 ◎，将"连杆"的小端通孔与"活塞杆"的圆柱凸台进行同心约束，如图 4-2-34 所示。

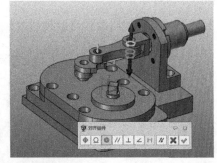

图 4-2-34

2）接下来是对"连杆"与"活塞杆"的连接处理，在通孔的位置需要插入一根转轴，利用弹性挡圈把转轴的自由度限定，此时机构后半部分的联动已经完成。

单击工具栏【约束】→【同心】功能 ◎，将"连杆"与"活塞杆"配合的通孔与"转销"的轴身进行同心约束，如图 4-2-35 所示。

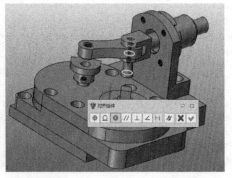

图 4-2-35

3）单击工具栏【约束】→【重合】功能 ⊕，将"转销"的止端与"活塞杆"的底面进行重合约束，如图 4-2-36 所示。

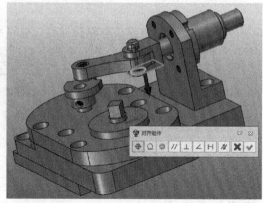

图 4-2-36

4）单击工具栏【约束】→【同心】功能 ◎，将"弹性挡圈"通孔与"转销"的安装弹性挡圈圆槽位进行同心约束，如图 4-2-37 所示。

5）单击工具栏【约束】→【重合】功能 ⊕，将"弹性挡圈"底面与"活塞杆"的上顶面进行重合约束，如图 4-2-38 所示。

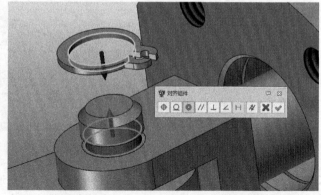

图 4-2-37

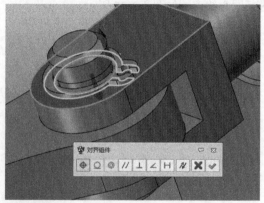

图 4-2-38

十、螺钉安装

1）安装缸体与缸体支承座的螺钉，需要 4 个 M6×14 内六角圆柱头螺钉，把缸体固定在缸体支承座上，需要使用到"重合"与"同心"约束指令，具体操作如图 4-2-39 所示。

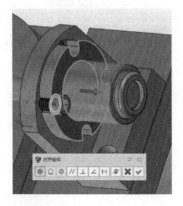

图 4-2-39

2）接下来是对螺钉进行阵列处理，节省多余的重复的操作，利用阵列指令可完成其他 3 根螺钉的安装。

单击工具栏【装配】→【阵列】功能，类型选择"圆形"，基体选择"内六角圆柱头螺钉"，方向单击缸体圆柱面，数目为阵列个数，角度为阵列均布角度，如图 4-2-40 所示。

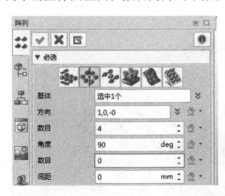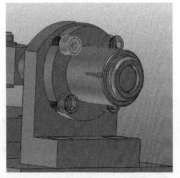

图 4-2-40

3）安装"箱盖"与"箱体"的螺钉，需要 6 个 M6×14 内六角圆柱头螺钉，把"箱盖"放在"箱体"上，需要使用到"重合"与"同心"约束指令，上述操作过程与步骤 1）相同，可参考步骤 1），如图 4-2-41 所示。

4）接下来是对螺钉进行镜像处理，节省多余的重复的操作，利用镜像指令可完成其他 3 根螺钉的安装。

单击工具栏【装配】→【镜像】功能，实体选择 3 个"螺钉"，平面选择右边红色小箭头"插入基准面"，系统弹出"插入基准面"对话框，

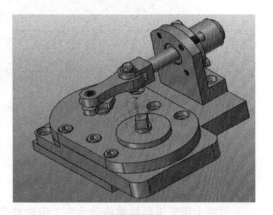

图 4-2-41

几何体输入 YZ 平面，偏移右边小箭头单击目标点，弹出"目标点"对话框，选择曲率中心，

选择输入轴的圆柱面，单击完成。操作步骤如图 4-2-42 所示，图形效果如图 4-2-43 所示。后续所有螺钉统一按"重合"与"同心"约束指令进行装配。

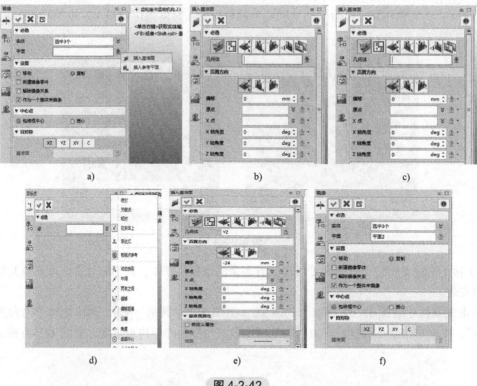

图 4-2-42

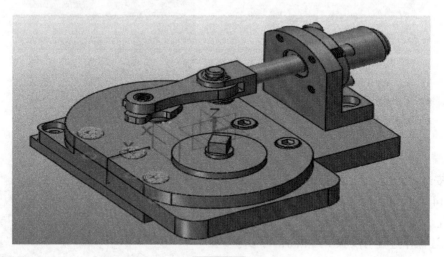

图 4-2-43

活动二 机械传动装配

对两个齿轮进行机械传动约束（齿轮啮合），如图 4-2-44 所示。

1）隐藏"箱盖"和"螺钉"，以方便对内部的齿轮进行观察与操作，按【Ctrl】键依次选择"箱盖"与"螺钉"，单击图形界面上方工具栏，单击【隐藏】按钮，如图 4-2-45 所示。

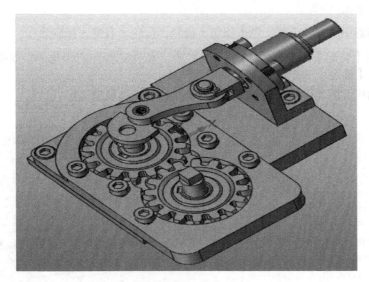

图 4-2-44

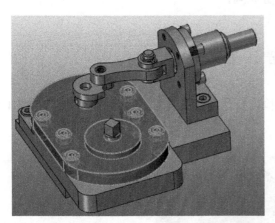
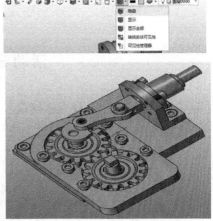

图 4-2-45

2）单击工具栏【约束】→【相切】功能 ，将"输入轴齿轮"与"输出轴齿轮"的一组啮合面进行相切约束，如图 4-2-46 所示。

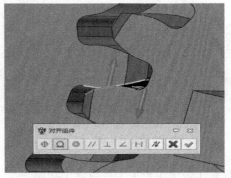

图 4-2-46

3）步骤 2) 是对一组齿轮进行齿形的对齐，但在对齐后需删除相切约束，不删除会对后续的机械传动产生干涉。

在装配管理器中展开约束栏，单击相切（齿轮，齿轮）右键选择删除。

单击工具栏【装配】→【机械约束】功能 ，依次选择左右齿轮的顶面把 "反转" 选项进行勾选，单击【确定】，如图 4-2-47 所示。

此时该机构所有的装配流程都已完成，整个机构可进行联动运作。

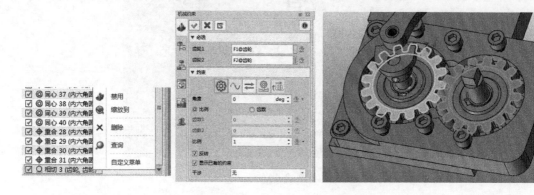

图 4-2-47

活动三　干涉检查

对齿轮连冲运动机构进行干涉检查，检查组件之间或装配之间的干涉情况，如图 4-2-48 所示。

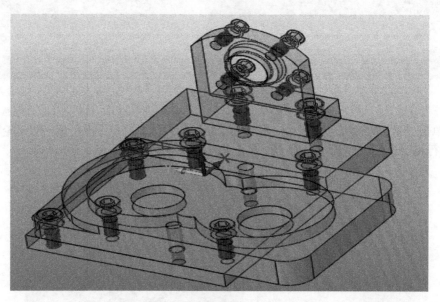

图 4-2-48

单击工具栏【装配】→【干涉检查】功能 ，对所有的组件进行勾选，单击【检查】即可，如图 4-2-49 所示。红色部分为螺纹装配的干涉，属于正常的范围，无须修改。

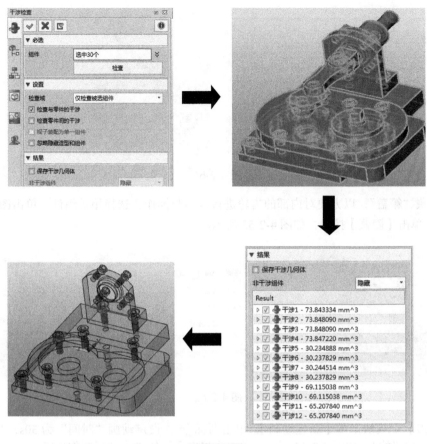

图 4-2-49

活动四 装配运动动画

对齿轮连冲运动机构进行动画录制，制作一个 30s 动画，表达机构来回两次的运动轨迹，如图 4-2-50 所示。

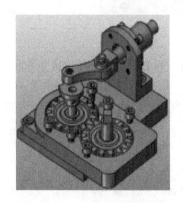

图 4-2-50

1）单击工具栏【约束】→【角度】功能 ∠ ，将"输入轴"正方体的前端面与"箱体"的前端面进行平行约束（此步骤是为后期的动画制作的铺垫），如图 4-2-51 所示。

图 4-2-51

2）隐藏"箱盖"，以方便对内部的齿轮进行观察与操作，选择箱盖组件，单击图形界面上方工具栏，单击【隐藏】按钮，如图 4-2-52 所示。

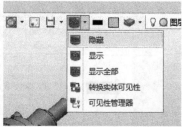

图 4-2-52

3）单击装配模块下的【新建动画】，单击图标 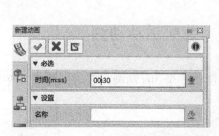，设定动画"时间"为 30s，"名称"为"齿轮连冲运动机构"，如图 4-2-53 所示，单击【确定】按钮进入动画制作环境。

图 4-2-53

4）单击【动画】→【参数】，单击图标，双击"输入轴"列表下的"对齐 -d4（平面 / 平面）"参数，参数值设置为"0"，如图 4-2-54 所示。

5）单击【动画】→【相机位置】，单击图标，单击"当前视图"，单击【确定】，如图 4-2-55 所示。

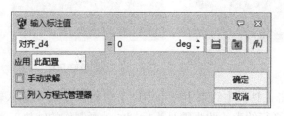

图 4-2-54

图 4-2-55

6）单击【动画】→【关键帧】，单击图标 🔑 ，输入时间为 15s。

7）在动画管理器中关键帧"00：15"双击进行激活，单击"动画参数"角度参数值设置为"360"，如图 4-2-56 所示。

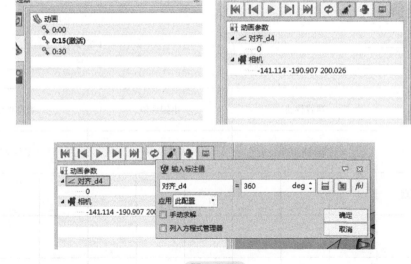

图 4-2-56

8）在动画管理器中关键帧"00:30"双击进行激活，单击"动画参数"角度参数值设置为"0"。

9）使用播放控制器播放动画，效果如图 4-2-57 所示。

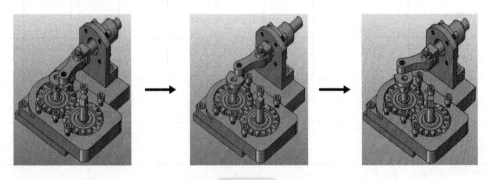

图 4-2-57

　　10）单击【动画】→【录制动画】，单击图标 ，对动画进行录制，输入"文件名（N）"为"齿轮连冲机构"，单击【保存】，单击【确定】开始录制，如图 4-2-58 所示。

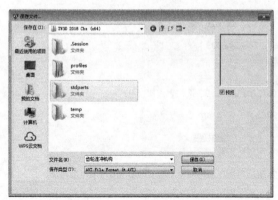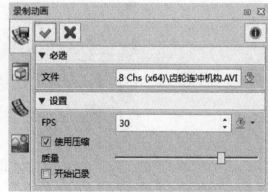

图 4-2-58

考核评价

班级_____　　　　　　　　　　　小组号_____

姓名_____　　　　　　　　　　　学　号_____

项目	自我评价		小组评价		教师评价	
	占总评 10%		占总评 30%		占总评 60%	
制订工作计划						
总装配						
机械传动装配						
干涉检查						
协作精神						
纪律观念						
小计						
总计						

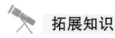

拓展知识

三维装配图的作用

　　装配是产品生产周期中的重要环节，是影响产品性能、质量、开发周期和成本的主要因素之一。装配工艺的规划及实施质量决定着产品的竞争力，对复杂产品来说更是如此。随着 CAD 及虚拟现实技术的发展，产量的装配工艺出现了新的方法，即基于三维模型的虚拟装配技术。

　　虚拟装配（Virtual Assemble，VA）是指在产品设计阶段，在计算机生成的虚拟环境中对产品的装配过程进行仿真模拟，对装配过程和装配结果进行分析和评价。虚拟装配的产生替代了原有的实物模型预装配，可有效地改善产品的装配工艺，改进装配质量，对于缩短产品开发研制周期、提高产品质量、降低产品开发成本有着重要意义。

课后练习

　　利用中望 3D 软件对图 4-2-59 所示的图形进行三维建模并装配。

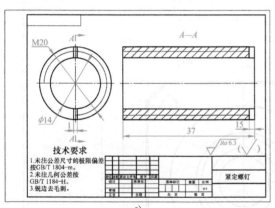

a)

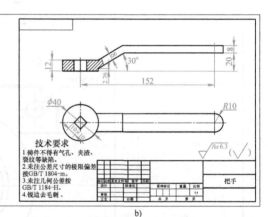

b)

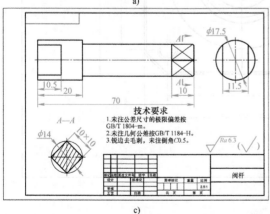

c)

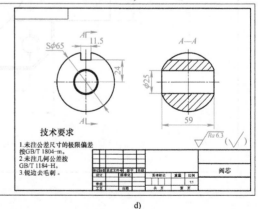

d)

图 4-2-59

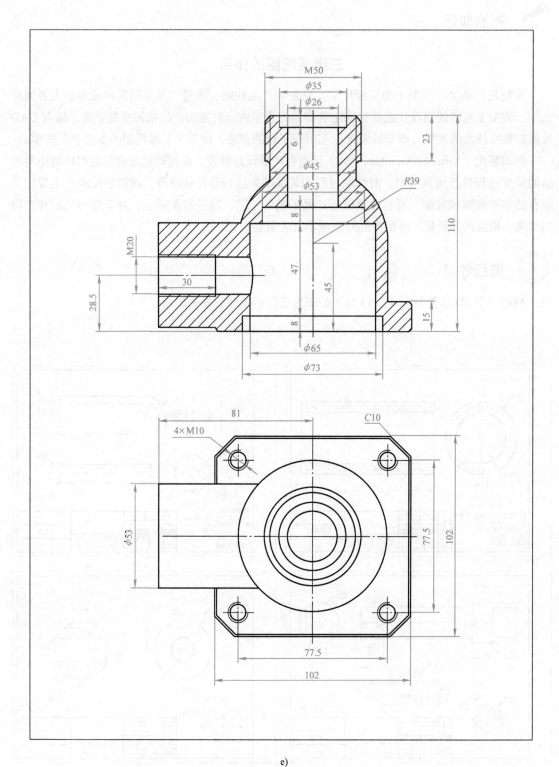

e)

图 4-2-59（续）

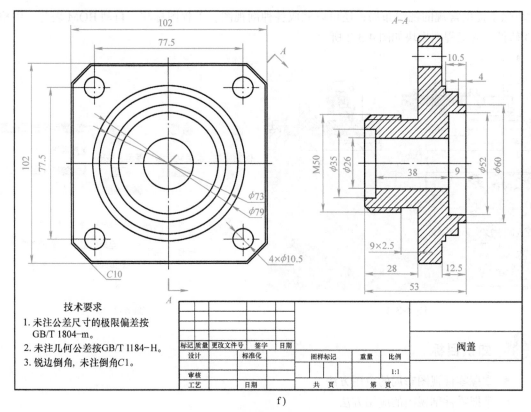

图 4-2-59（续）

职业素养：刻苦钻研、勇于创新、工匠精神

转向架就像高速动车组的"腿脚"，关系到动车组能否跑得又快又稳。中车青岛四方机车车辆股份有限公司首席钳工技师郭锐专为高速动车组装配"快腿"，从他和团队手中装配出的高速动车组超过 1400 列，安全运行里程超过 30 亿 km。从 1997 年当学徒工，到成为名副其实的"大国工匠"，20 余年来郭锐扎根一线，从他身上展现出来的刻苦钻研、勇于创新的精神，也正是中国高铁工人精神的现实表达。"复兴号"动车组上有 50 多万个零部件，转向架是其中的核心部件。对于一列高速动车组的转向架，其装配的直接相关部件有上千个，装配尺寸数据记录有上万个，组装过程中的每一个细节都十分重要。

同学们在完成齿轮连冲运动机构的装配任务时，要认真对待每一步、每一个细节才能取得最后高质量的成果。

任务 4-3　掌握视图布局

任务描述

图 4-3-1 所示为齿轮连冲运动机构的二维装配图的视图，用中望 3D 软件对所有组件进行三维总装配后进行二维装配图的前期视图的处理。

中望 3D 软件具有非常完备的工程图制作模块，任何已完成的三维模型的装配图，可直接转换为工程图，并且当零件或装配发生变更时，工程图也会自动更新。中望 3D 软件的工程图模块除了提供常规的视图布局，还可以完成各种剖视图、工程图标注、自动 BOM 表等。中望 3D 软件中的工程图模块如图 4-3-2 所示。

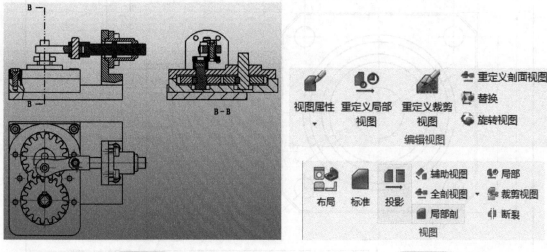

图 4-3-1   图 4-3-2

 知识目标

- 掌握零件视图布局的应用方法
- 掌握零件剖视图的应用方法
- 掌握零件局部剖视图的应用方法

 能力目标

- 利用软件进行零件剖视图的表达
- 利用软件进行零件局部剖视图的表达

 相关知识

一、视图布局

单击工具栏【布局】，单击图标 ，系统弹出"布局"对话框，如图 4-3-3 所示。使用该命令可以直接将三维零件或装配体自动转化成二维三视图，每个视图需要的视角方向可以在对话框的"布局"栏选择。

1）文件零件。选择需要制作工程图的零件。默认状态下，显示激活的文件中的零件，也可以用浏览功能调入其他文件的零件。

2）预览。选择预览模式，包含关闭、图形和属性 3 种模式。当选择"图像"时，可以在绘图区中预览所选零件的三维效果图。

3）位置。定义视图的摆放位置，包含自动、中心、角点 3 种。

① 自动。在当前图纸范围自动摆放视图，系统一般默认填满整个图纸区域。

② 中心。以图纸中心摆放视图，可以通过鼠标移动来调整视图及位置。

③ 角点。定义两个角点形成一个虚拟的矩形，用于摆放视图，视图会摆放在整个虚拟矩形范围之内。

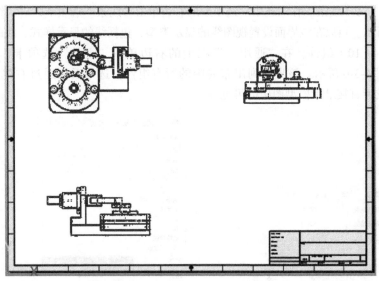

图 4-3-3

4）投影。定义视图的投影标准，包含第一视角和第三视角，国标采用的是第一视角。

5）布局。定义视图的视角方向，主视图可以更改方向，其余视图根据主视图进行投影。单击【视图】按钮激活，即可将被激活的视图布局在图纸中，系统默认布局三视图，即主视图、俯视图和侧视图。

6）样式。定义一种基准视图的样式标准，包含 GB、ANSＩ、ISO、JS 等标准。

7）通用。定义各种视图的的布局形式，包含以下几个部分：⊞ ⬜ ⬛ ⬢ 。使用这些图标来设置视图的显示模式，依次为设置线框、消隐线、着色、快速消隐等显示模式。默认为消隐线模式。

🔷 消隐相交模型线的检查：激活该按钮，可以防止生成不正确的隐藏线。

🔄 启用视图重生成：激活该按钮，模型中所发生的任何变更将自动更新到图纸上。

↗ 将曲线转化为圆弧：激活该按钮，将视图中所有的曲线自动转换为圆弧。

|↔| 删除重复的曲线：激活该按钮，过滤掉重叠和重复的曲线。

⬡ 显示消隐线：激活该按钮，视图中会将不可见的线以虚线的方式显示，否则不显示。如只需要显示某些区域的隐藏线，可以通过"线条"选项卡单独设置。

⊕ 显示中心线。

◎ 显示螺纹，如零件在孔上有附加螺纹属性，它们可以显示在布局视图中。

▤ 显示零件标注。

Ａ 显示零件文字，所有 3D 注释文字将会显示出。

∼ 显示三维线框曲线或草图。

∟ 显示三维基准点。

① 显示缩放。勾选该复选框，在视图下方显示当前视图的缩放比例。

② 缩放类型。定义图纸的缩放类型，包含使用自定义缩放比例和使用图纸缩放比例两种。

a. 使用自定义缩放比例。自定义视图的比例，包含 X/Y 和 XX 两种定义方式。

"X/Y"表示直接输入两个比值；"XX"表示输入比值的结果。

b. 使用图纸缩放比例。视图大小自动根据模板图纸的比例大小来布局。

8）标签。在"通用"选项卡的右边单击"标签"选项卡，进入标签的定义界面，如图 4-3-4 所示。可以在该页面设置视图的标签。

9）线条。在"通用"选项卡的右边单击"线条"选项卡，进入线条的定义界面，如图 4-3-5 所示。可以在该界面设置视图线的显示类型，包括线的显示样式、线的颜色、线性、图层等。

10）组件。在"通用"选项卡的右边单击"组件"选项卡，进入组件的定义界面，如图 4-3-6 所示。该界面列出布局中的所有组件，选中后可通过右键对其进行显示或隐藏设置，或者直接继承模型图中的可见性。

图 4-3-4

图 4-3-5

图 4-3-6

二、标准视图

单击【布局】→【标准】，单击图标 ，系统弹出"标准视图"对话框，如图 4-3-7 所示。使用该命令为三维零件创建一个标准的布局视图。可选的标准视图包括：顶视图、前视图、右视图、左视图、底视图、后视图、轴侧图和自定义视图等。

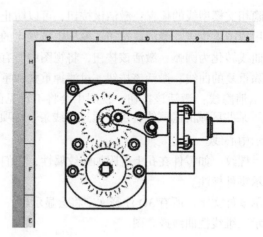

图 4-3-7

1）文件 / 零件。选择需要制作工程图的零件。默认状态下，显示激活的文件中的零件，也可以用浏览功能调入其他文件的零件。

2）视图。定义布局视图方向。从列表中选择一个视图方向，如顶视图。若在建模环境中自定义了视图，也会在列表中显示出来。

3）位置。指定视图在图样中的位置。

其他选项设置请参考【布局】。

三、投影视图

单击【布局】→【投影】，单击图标 ，系统弹出"投影视图"对话框，如图 4-3-8 所示。使用该命令，根据一个基础视图创建一个投影视图。

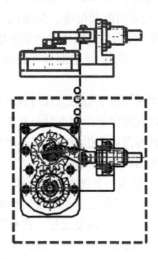

图 4-3-8

1）基准视图。选择产生投影的基础视图。

2）位置。生成投影视图的位置，投影的方向为基准视图到所选的位置的方向。

3）投影。定义视图标准，包括第一视角或第三视角。

四、全剖视图

单击工具栏【布局】→【全剖视图】，单击图标 ，系统弹出"全剖视图"对话框，如图 4-3-9 所示。使用该命令，生成在指定方向上全剖零件的视图。

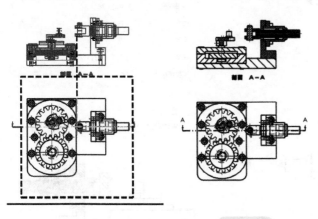

图 4-3-9

1）基准视图。选择产生全剖视图的基础视图。

2）点。选择剖面的位置。当指定两个点时，定义全视图；当指定大于两个点时，定义阶梯剖视图。

3）位置。选择剖视图的放置位置。

4）方式。定义剖面的显示方式。包含剖面曲线、修剪零件和修剪曲面 3 个选项。

5）剖面曲线。只显示横截面的图。

①修剪零件。显示整个零件的隐藏线视图。

②修剪曲面。应用于有缺陷的几何体，显示裁剪曲面的剖面曲线。

6）闭合开放轮廓。如果在生成的剖面中存在开放轮廓，勾选该复选框，将它们自动闭合。

7）自动调整填充间隙和角度。勾选该复选框，基于剖面曲线计算出的剖面填充比例将用于创建填充。否则，使用填充属性对话框中输入的值。

8）位置（剖面选项）。设定剖视图相对于基准视图的位置，包含水平、垂直、正交、无 4 个选项。

①水平。剖面视图位于指定点且与基准视图平行。

②垂直。剖面视图位于指定点且与基准视图垂直。

③正交。剖面视图位于指定点且与基准视图正交。

④无。剖面视图将位于任意指定点。

9）视图标签。输入一个视图标签，如 "A" 即为 "剖面 A – A"。

10）反转箭头。勾选该复选框，反转剖面箭头，剖视反向。

11）显示阶梯线。勾选该复选框，在有阶梯剖的情况下，显示阶梯线。

12）组件剖切状态来源于零件。通过零件列表定义不需要剖切的零件。

五、局部剖视图

单击工具栏【布局】→【局部】，单击图标 ，系统弹出 "局部剖" 对话框，如图 4-3-10 所示。使用该命令之前，可以完成视图某一个区城的剖视图。

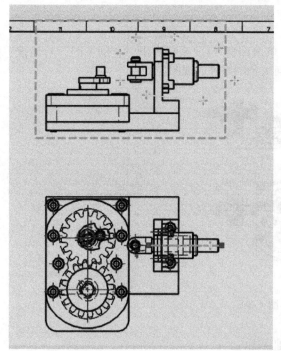

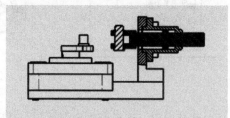

图 4-3-10

1）基准视图。选择需要进行局部剖视的视图。

2）边界。定义局部剖切的边界范围。包括圆形、矩形和多段线边界 3 种定义方式。

3）深度。设置定义剖切深度的方式。包括点、剖平面和 3D 命名 3 种。

4）深度点。定义剖切深度点。一般通过剖视图的投影视图来选择。

5）深度偏移。在定义的剖切深度的基础上偏移一定的距离。

 任务实施

活动一　放置基础视图

利用中望3D软件对齿轮连冲运动机构进行二维装配图的视图处理，放置基础视图如图 4-3-11 所示。

1）创建零件文件。单击【新建】工具图标 ，系统弹出"新建文件"对话框，选择"工程图"模块，模板选择"A2_H(ANSI)"图幅，输入零件名称"齿轮连冲运动机构视图构建"，如图 4-3-12 所示。单击【确定】按钮进入装配界面。

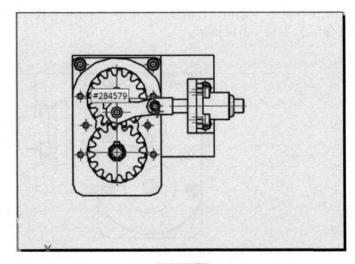

图 4-3-11

图 4-3-12

2）单击"标准"图标 ，弹出"标准"对话框。"文件/零件"选择为"齿轮连冲运动机构"，"视图"选择"顶视图"，放置在图幅左下角的位置，单击【确定】，如图 4-3-13 所示。

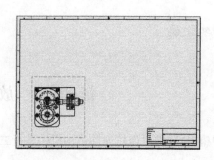

图 4-3-13

3）双击"顶视图"的黄色边界，弹出"视图属性"对话框，可以对该视图属性进行设置，单击"显示消隐线"的图标 ，取消消隐线的显示；单击"显示中心线"的图标 ⊕，取消中心线的显示，单击【确定】，如图 4-3-14 所示。

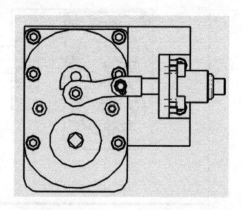

图 4-3-14

4）由于该视图需要表达内部的齿轮装配结构，因此需要对箱盖隐藏，表达内部结构。在原本的"通用"选项中切换到"组件"选项，鼠标移至"箱盖"位置右键单击选择"隐藏组件"，对箱盖进行隐藏，如图 4-3-15 所示，基础视图创建完成。

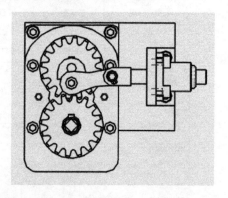

图 4-3-15

利用中望 3D 软件对齿轮连冲运动机构进行二维装配图的视图处理，对前面作的基础视图进行视图的投影，如图 4-3-16 所示。

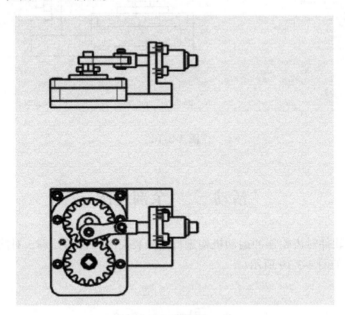

图 4-3-16

1）单击图标 ■，弹出"投影"对话框，"基准视图"选择"顶视图"，放置在图幅左上角的位置，投影视角选择"第一视角"，继续对消隐线和中心线进行隐藏，单击【确定】，如图 4-3-17 所示。

 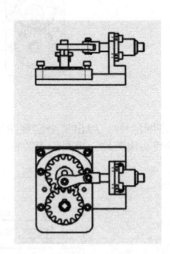

图 4-3-17

2）由于上述视图处理时对箱盖进行了隐藏，因此在投影前视图时没有箱盖的图形；用鼠标左键双击"前视图"的黄色边界，弹出"视图属性"对话框，切换到"组件"选项，显示箱盖图形，如图 4-3-18 所示，前视图制作完成。

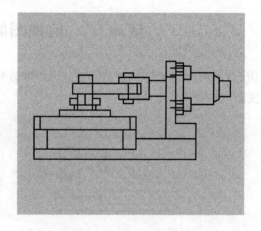

图 4-3-18

活动三　全剖视图

利用中望 3D 软件对齿轮连冲运动机构进行二维装配图的视图处理，对前面做的基准视图进行视图的剖切，如图 4-3-19 所示。

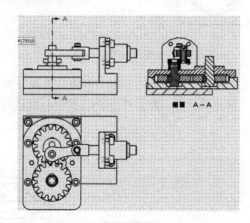

图 4-3-19

1）单击图标 ，弹出"全剖视图"对话框，"基准视图"选择"前视图"，单击选择"偏心套"的轴线头尾两端，视图位置放在右上角，单击【确定】，如图 4-3-20 所示。

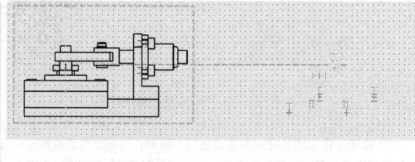

图 4-3-20

2）双击"全剖视图"的黄色边界，弹出"视图属性"对话框，切换到"线条"选项，选择"切线"，将"线型"设置为"忽略"，对视图中不必要的切线进行忽略处理，如图 4-3-21 所示，剖视图处理完成。

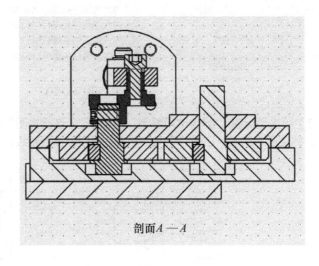

剖面 $A—A$

图 4-3-21

活动四　**局部剖视图**

利用中望 3D 软件对齿轮连冲运动机构进行二维装配图的视图处理，在前视图中"螺钉""缸体"的内部结构不明确，需要对其进行局部剖视图处理，如图 4-3-22 所示。

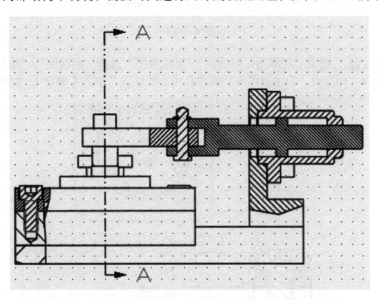

图 4-3-22

1）用鼠标左键双击"主视图"的黄色边界，在"通用"选项中单击显示中心线，在"组件"选项中对 M6×14 的螺钉进行隐藏，单击【确定】，如图 4-3-23 所示。

图 4-3-23

2）单击图标 ■，弹出"局部剖"对话框，"基准视图"选择"前视图"，"边界"框选"活塞杆至缸体支座"区域，选择"深度点"为主视图缸体的轴线位置，单击【确定】，如图 4-3-24 所示。

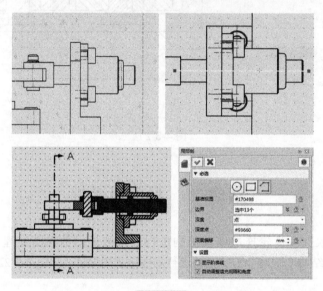

图 4-3-24

3）单击图标 ■，弹出"局部剖"对话框，"基准视图"选择"前视图"，"边界"框选"左侧螺钉"区域，选择"深度点"为主视图安装螺纹孔中心线位置，单击【确定】，如图 4-3-25 所示。

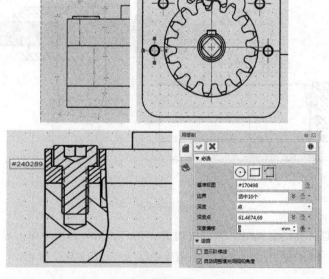

图 4-3-25

4）图形的格式输出，单击左上角"文件"工具栏，单击【输出】，选择输出的目录，"文件名（N）"输入"齿轮连冲运动机构"，"保存类型（T）"选择"DWG/DXF File"格式，单击【保存】，如图 4-3-26 所示。

通过上述的操作，中望 3D 的前期视图处理已经完成，接下来更加细化的处理需要利用中望 CAD 软件进行。

图 4-3-26

 考核评价

项目	自我评价			小组评价			教师评价		
	占总评 10%			占总评 30%			占总评 60%		
制订工作计划									
标准视图									
视图投影									
局部剖视图									
全剖视图									
格式输出									
协作精神									
纪律观念									
小计									
总计									

拓展知识

一、剖视图的原理

在机械制图中假想用剖切面剖开机件，将处在观察者和剖切面之间的部分移去，将其余部分向投影面投影所得的图形，简称剖视图（图 4-3-27）。剖视图用于表示机件的内部结构。绘制剖视图时，为了分清机件内部结构的层次，规定在机件上被剖切到的切口部分画出剖面符号。根据制造机件所用的材料，应采用规定的剖面符号。

一般采用平行于投影面的平面剖切。剖切位置选择要得当，首先应通过内部结构的轴线或对称平面以剖出它的实形；其次应在可能的情况下使剖切面通过尽量多的内部结构。

当剖切面将机件切为两部分后，移走距观察者近的部分，投影的是距观察者远的部分。它包括两项内容，一项是剖切面与机件接触的切断面，是实体部分；另一项是断面后的可见轮廓线，一般产生于空的部分。为了区分空、实，规定在切断面上画出剖面符号。

当机件的内部形状比较复杂时，在视图中就会出现许多虚线，视图中的各种图线纵横交错在一起，造成层次不清，影响视图的清晰，且不便于绘图、标注尺寸和读图。为了解决机件内部形状的表达问题，减少虚线，国家标准规定采用假想切开机件的方法将内部结构由不可见变为可见，从而将虚线变为实线。

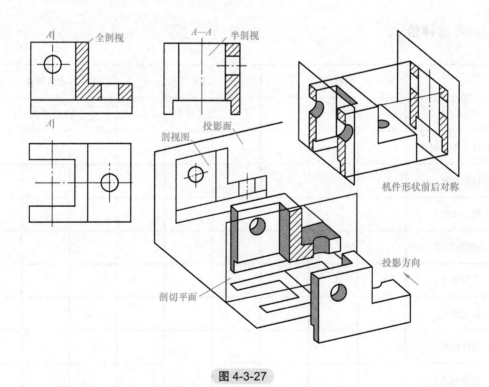

图 4-3-27

二、剖视图的分类

（1）全剖视图　用剖切面完全地剖开物体所得的剖视图，称为全剖视图。全剖视图是为了表达机件完整的内部结构，通常用于内部结构较为复杂的场合。

（2）半剖视图　当物体具有对称平面时，向垂直于对称平面的投影面上投射所得的图形，可以对称中心线为界，一半画成视图，另一半画成剖视图，这种组合的图形称为半剖视图。半剖视图主要用于内、外形状都需要表达的对称机件。画半剖视图时，剖视图与视图应以点画线为分界线，剖视图一般位于主视图对称线的右侧；俯视图对称线的下方；左视图对称线的右方。

（3）局部剖视图　假想用剖切面局部地剖开机件所得的剖视图，称为局部剖视图。局部剖视图主要用于表达机件的局部内部结构或不宜采用全剖视图或半剖视图的地方（孔、槽等）。局部剖视图图中被剖部分与未剖部分的分界线用波浪线表示。

 课后练习

利用中望 3D 软件对图 4-3-28 所示图形（上面已对其进行三维建模与装配）进行视图的放置。

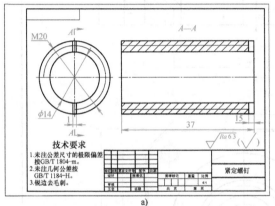

a)

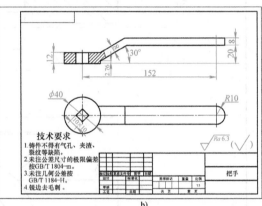

b)

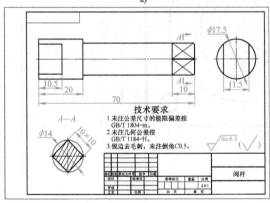

c)

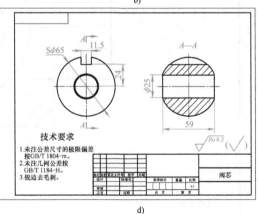

d)

图 4-3-28

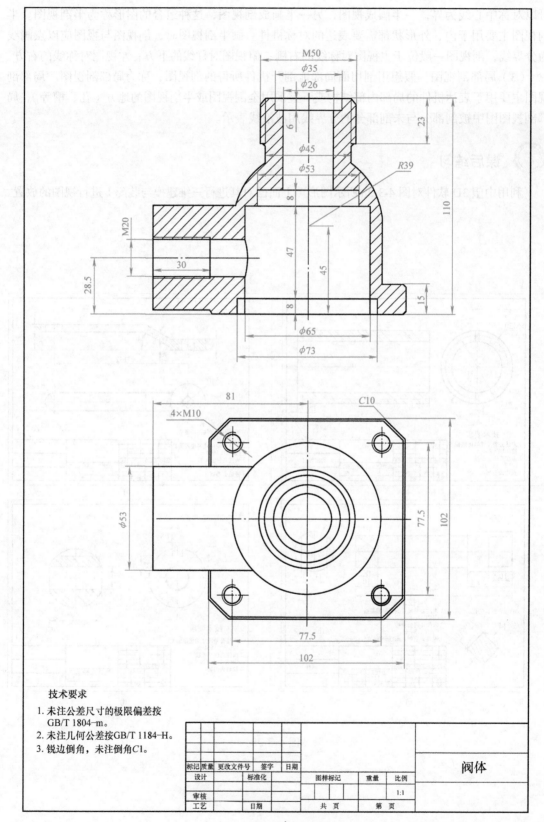

技术要求

1. 未注公差尺寸的极限偏差按
   GB/T 1804—m。
2. 未注几何公差按 GB/T 1184—H。
3. 锐边倒角，未注倒角 C1。

标记	质量	更改文件号	签字	日期				阀体
设计		标准化			图样标记	重量	比例	
							1:1	
审核								
工艺		日期			共 页	第 页		

e)

图 4-3-28（续）

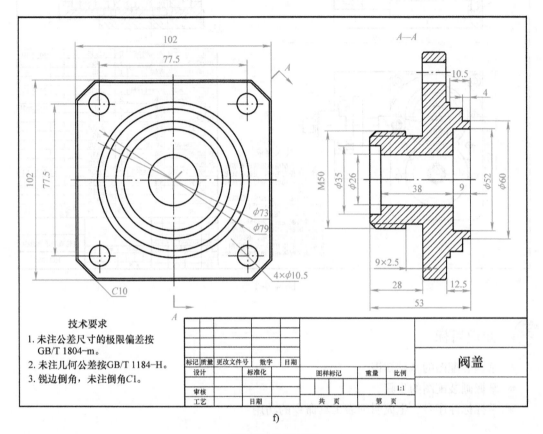

f)

图 4-3-28（续）

任务 4-4　绘制装配图

任务描述

图 4-4-1 所示为齿轮连冲运动机构的最终二维装配图，用中望 CAD 软件对前面的视图进行编辑。

零部件测绘是依据实际部件了解它的工作原理，分析部件结构特点和装配关系，画出机构的装配示意图，为设计机器、修配零件和准备配件创造条件。

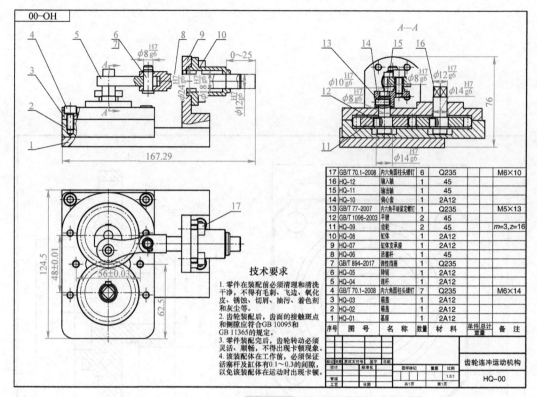

序号	图 号	名 称	数量	材 料	单件 总计 重量	备 注
17	GB/T 70.1-2008	内六角圆柱头螺钉	6	Q235		M6×10
16	HQ-12	输入轴	1	45		
15	HQ-11	输出轴	1	45		
14	HQ-10	偏心套	1	2A12		
13	GB/T 77-2007	六角头紧定螺钉	1	Q235		M5×13
12	GB/T 1096-2003	平键	2	45		
11	HQ-09	齿轮	2	45		m=3,z=16
10	HQ-08	缸体	1	2A12		
9	HQ-07	缸体支承座	1	2A12		
8	HQ-06	活塞杆	1	45		
7	GB/T 894-2017	弹性挡圈	2	Q235		
6	HQ-05	转销	1	2A12		
5	HQ-04	连杆	1	2A12		
4	GB/T 70.1-2008	内六角圆柱头螺钉	7	Q235		M6×14
3	HQ-03	箱盖	1	2A12		
2	HQ-02	箱座	1	2A12		
1	HQ-01	基座	1	2A12		

技术要求

1. 零件在装配前必须清理和清洗干净，不得有毛刺、飞边、氧化皮、锈蚀、切屑、油污、着色剂和灰尘等。

2. 齿轮装配后，齿面的接触斑点和侧隙应符合GB 10095和GB 11365的规定。

3. 零件装配完后，齿轮转动必须灵活、顺畅，不得出现卡顿现象。

4. 该装配体在工作前，必须保证活塞杆及缸体有0.1~0.3的间隙，以免该装配体在运动时出现卡顿。

齿轮连冲运动机构

HQ-00

图 4-4-1

知识目标

- 掌握装配图的基础知识
- 掌握画装配图的步骤
- 掌握标注序号、生成明细表工具命令的功用

能力目标

- 通过案例操作与练习，能生成齿轮连冲运动机构装配图
- 通过本次学习，掌握齿轮的简化画法

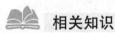

相关知识

装配图的基础知识：

1. 装配图的作用和内容

装配图是用来表达机器（或部件）的工作原理、装配关系的图样。完整的装配图由一组视图、尺寸标注、技术要求、明细栏和标题栏组成。对于经常绘制装配图的用户，可以将常用零件、部件、标准件和专业符号等做成图库。如将轴承、弹簧、螺钉、螺栓等制作成公用图块库，在绘制装配图时采用块插入的方法插入到装配图中，可提高绘制装配图的效率。

一般情况下，在设计或测绘一个机器或产品时，都离不开装配图，基本上都是先绘制出装配图之后，再绘制具体的零件图。一幅完整的装配图应包括如下内容：

① 一组装配起来的机械图样。用一般表达方法和特殊表达方法，正确、完整、清晰和简便地表达机器（或部件）的工作原理、零件之间的装配关系和零件的主要结构形状。图 4-4-1 所示为齿轮连冲运动机构的装配图，图中采用了三个基本视图，比较清楚完整地表达了齿轮连冲运动机构各零件的装配关系。

② 必要的尺寸。根据由装配图拆画零件图以及装配、检验、安装、使用机器的需要，中间必须标注反映机器（或部件）的性能、规格、安装情况、部件或零件间的相互位置、配合要求和机器的总体大小尺寸等。

③ 技术要求。对于某些无法用图形表达清楚的信息，一般包括装配体的功能、性能、安装、使用和维护要求，以及装配体的制造、检验、使用方法和要求等，可采用文字或符号写出说明。在装配图中，也有一些以文字或符号标明的技术要求，这些字符在装配时起到了指导作用。具体还需要注意如下几点：

a. 对装配时两部件的表面粗糙度要求。

b. 对部件的性能和质量的要求。

c. 对装配的密封要求。

d. 其他附加要求。

④ 标题栏、编号和明细栏。在装配图中，应根据生产组织和管理工作的需要，并按照一定的格式，将零、部件进行编号，并填写明细栏和标题栏，以便充分反映各零件的装配关系。

2. 装配图的视图选择

（1）主视图的选择

① 确定装配体的安放位置。一般可将装配体按其在机器中的工作位置安放，以便了解装配体的情况及与其他机器的装配关系。如果装配体的工作位置倾斜，为了画图方便，通常将装配体按放正后的位置画图。

② 确定主视图的投影方向。装配体的位置确定之后，应该选择能较全面、明显地反映该装配体的主要工作原理、装配关系及主要结构的方向作为主视图的投影方向，如图 4-4-2 所示。

③ 主视图的表达方法。由于多数装配体都有内部结构需要表达，因此，主视图多采用剖视图画出。所取剖视的类型及范围，要根据装配体内部结构的具体情况决定。

（2）其他视图的选择　在确定主视图之后，如果还有带全局性的装配关系、工作原理及主要零件的主要结构未表达清楚，则应该选择其他基本视图来进行表达。在确定基本视图之后，如果装配体上仍然存在一些局部的外部或内部结构需要表达，则可灵活地选用局部视图、局部剖视或断面等来补充表达。

在决定装配体的表达方案时，还应注意如下问题：

① 应从装配体的全局出发，综合进行考虑。特别是一些复杂的装配体，可能有多种表达方案，应通过比较择优选用。

② 设计过程中绘制的装配图应详细一些，以便为零件设计提供结构方面的依据。指导装配工作的装配图，则可简略一些，重点在于表达每种零件在装配体中的位置。

③ 在装配图中，装配体的内外结构应以基本视图来表达，而不应以过多的局部视图来表达，以免图形支离破碎，看图时不易形成整体概念。

④ 若视图需要剖开绘制时，一般应从各条装配干线的对称面或轴线处剖开。同一视图中不宜采用过多的局部剖视。以免使装配体的内外结构的表达不完整。

⑤ 装配体上对于其工作原理、装配结构、定位安装等方面没有影响的次要结构，可不必在装配图中一一表达清楚，可留待零件设计时由设计人员自定。

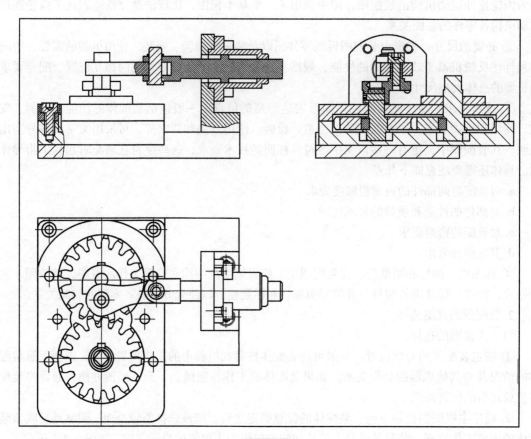

图 4-4-2

3. 装配图的尺寸标注

（1）特征尺寸　表示机器（或部件）的性能或规格的尺寸称为特征尺寸，在设计机器（或部件）时即已确定，是设计、了解和选用机器（或部件）的依据。

（2）装配尺寸　与装配体的装配质量有关的尺寸称为装配尺寸，包括配合尺寸（零件配合性质的尺寸）和相对位置尺寸（零件间比较重要的相对位置尺寸），如图 4-4-3 中转销的孔径 $\phi 8H7/g6$。

（3）外形尺寸　表示机器（或部件）外形轮廓大小（即总长、总宽、总高）的尺寸称为外形尺寸，是装配体在包装、运输、安装时所需的尺寸，如图 4-4-3 中的 167.29、76、124.5 为外形尺寸。

（4）安装尺寸　装配体安装到其他机件或地基上去时，确定其安装位置的尺寸，称为安装尺寸，如图 4-4-3 中的箱体安装螺钉孔位 56 ± 0.03。

（5）其他重要尺寸　它是在设计中确定而又未包括在上述几类尺寸中的一些重要尺寸。

上述几类尺寸，并非在每一张装配图上都必须注全，应根据装配体的具体情况而定。

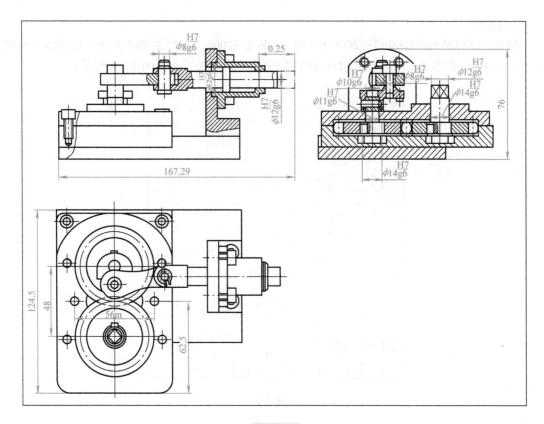

图 4-4-3

4.装配图中的零（部）件序号和明细表

为了便于看图和图纸的配套管理以及生产组织工作的需要，装配图中的零件和部件都必须编注序号，并在标题栏上方的明细栏中按要求进行填写。

1）零件、部件序号（或代号）应标注在图形轮廓线外边，并填写在指引线一端的上方，指引线、横线或圆均用细实线画出。指引线应从所指零件的可见轮廓线内引出，并在末端画一小圆点，序号字体要比尺寸数字大一号或大两号，如图 4-4-4a、b、c 所示，当所指部分内不宜画圆点时（很薄的零件或涂黑的部面），可在指引线的末端画出箭头，并指向该部分的轮廓，如图 4-4-4d 所示。

2）装配图中零件序号应与明细栏中的序号一致。

3）指引线相互不能相交，也不要过长，当通过有剖面线区域时，指引线尽量不与削面线平行。必要时，指引线可画成折线，但只允许曲折一次。

4）对紧固件组或装配关系清楚的零件组，允许采用公共指引线，如图 4-4-5 所示。

5）为使指引线一端的横线或圆在全图上布置得均匀整齐，在画零件序号时，应先按位置定好横线和圆，然后与零件一一对应，画出指引线。

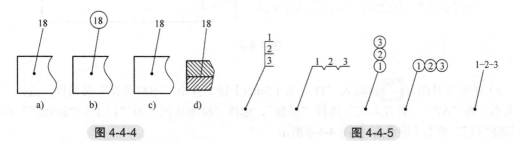

图 4-4-4　　　　　　　　　　　　　图 4-4-5

5. 明细栏

国家制图标准 GB 10609.1—2008 和 GB 10609.2—2008 对标题栏和装配图中的明细栏格式作了明确规定，但各企业有时也采用自己的明细栏和标题栏格式，如图 4-4-6 所示。

17	GB/T 70.1-2008	内六角圆柱头螺钉	6	Q235		M6×10
16	HQ-12	输入轴	1	45		
15	HQ-11	轴心轴	1	45		
14	HQ-10	输心套	1	2A12		
13	GB/T 77-2007	内六角平端紧定螺钉	1	Q235		M5×13
12	GB/T 1096-2003	平键	2	45		
11	HQ-09	齿轮	2	45		m=3, z=16
10	HQ-08	齿条	1	2A12		
9	HQ-07	齿条夹盘	1	2A12		
8	HQ-06	连接杆	1	45		
7	GB/T 894-2017	弹性挡圈	1	Q235		
6	HQ-05	齿轮	1	2A12		
5	HQ-04	齿杆	1	2A12		
4	GB/ T 70.1-2008	内六角圆柱头螺钉	7	Q235		M6×14
3	HQ-03	前盖	1	2A12		
2	HQ-02	齿条	1	2A12		
1	HQ-01	基座	1	2A12		
序号	图 号	名 称	数量	材 料	单件 总计 重量	备 注

图 4-4-6

任务实施

活动 放置基础视图

1）打开中望 CAD 软件，单击左上角"打开"功能图标 ，选择任务 4-3 中望 3D 输出的"齿轮连冲运动机构 .dwg"文件，单击打开，弹出图形绘制区域，可对其区域的图形进行编辑，如图 4-4-7 所示。

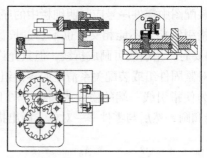

图 4-4-7

2）单击工具图标 或输入"TF"按【Enter】键，弹出"图幅设置"对话框，选择"图幅大小"为"A2"，"布置方式"选择"横置"，选择"绘图比例"为"1：1"，"标题栏"选择"标题栏 –1"，单击【确定】，如图 4-4-8 所示。

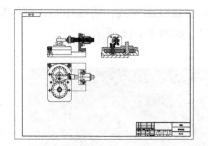

图 4-4-8

3）单击"图层特性管理器"工具图标，弹出"图层特性管理器"，分别将中心线、轮廓实线、标注线等的线宽设置成符合制图国家标准，设置完成后，单击【确定】，如图 4-4-9 所示。

图 4-4-9

4）删除轮廓粗实线和螺纹细实线除外的其他线段，如图 4-4-10 所示。

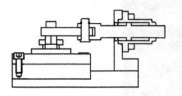
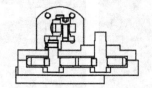

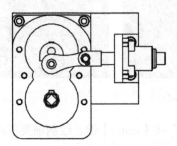

图 4-4-10

5）选择所有螺纹细实线，将线型归入细线层，并在属性栏中将颜色、线宽、线型比例都选择为"随层"，如图 4-4-11 所示。

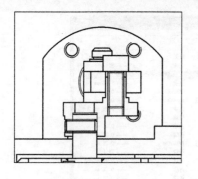

图 4-4-11

6）选择部分轮廓线，鼠标右键选择"选择类似对象"，软件自动识别该线层的线段并选取，部分没有选上的用手动选取，将线型归入轮廓实线层，并在属性栏中，将颜色、线宽、线型比例都选择为"随层"，如图 4-4-12 所示。

图 4-4-12

7）单击中心线工具图标，或输入"ZX"按【Enter】键，绘制轴类零件的轴线、中心对称线以及螺纹孔中心线，如图 4-4-13 所示。

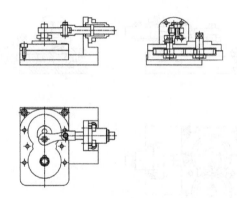

图 4-4-13

8）绘制齿轮装配简化表达图，可参考图 4-4-14 所示图形绘制，绘制齿轮齿顶圆与齿轮分度圆对应线段，以及啮合位的线型处理，最终效果如图 4-4-15 所示。

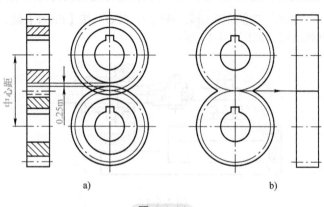

a)　　　　　　　　　　　　b)

图 4-4-14

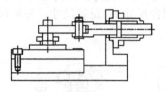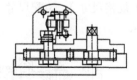

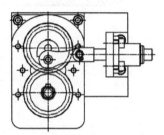

图 4-4-15

9）单击"图形填充"功能图标，或输入"H"按【Enter】键，绘制全剖视图、局部剖视图中的剖面线，如图 4-4-16 所示。

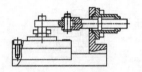
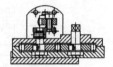

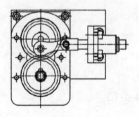

图 4-4-16

10）绘制极限运动位置，使用双点画线，对齿轮连冲运动机构的活塞杆的运动轨迹与行程极限给予表达，单击"复制"功能图标，或输入"CO"按【Enter】键，对活塞杆的尾部进行复制，并归入双点画线层，如图 4-4-17 所示。

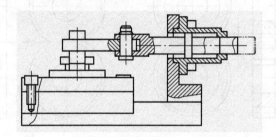

图 4-4-17

11）单击"智能标注"功能图标，或输入"D"按【Enter】键，对图形中五类尺寸进行标注，即性能尺寸（规格尺寸）、装配尺寸（配合尺寸）、安装尺寸、外形尺寸以及其他重要尺寸，如图 4-4-18 所示。

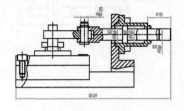
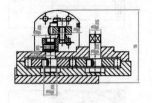

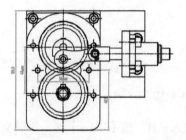

图 4-4-18

12）标注各零件序号和生成明细栏。

① 单击标注序号功能图标 ![icon]，或输入"XH"按【Enter】键，选择"直线型"；序号填入"1"，数量为"1"；在"序号自动排列""填明细栏内容"选项打钩，单击【确定】。

② 命令行出现提示"选择要附着的对象或引出点"从下到上，从左到右，单击第一个图的合适位置作为序号引出点，此时序号处于拖动状态。

③ 单击生成明细栏功能图标 ![icon]，或输入"MX"按【Enter】键，依次填写明细栏各零件序号、图号、名称、数量、材料、备注等信息，如图 4-4-19 所示。

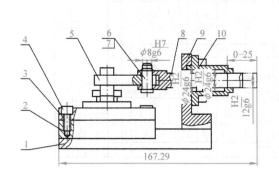

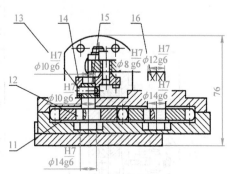

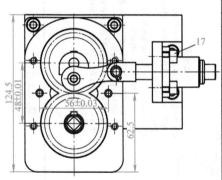

17	GB/T 70.1-2008	内六角圆柱头螺钉	6	Q235			M6×10
16	HQ-12	输入轴	1	45			
15	HQ-11	输出轴	1	45			
14	HQ-10	偏心套	1	2A12			
13	GB/T 77-2007	内六角平端紧定螺钉	1	Q235			M5×13
12	GB/T 1096-2003	平键	2	45			
11	HQ-09	齿轮	2	45			$m=3,z=16$
10	HQ-08	缸体	1	2A12			
9	HQ-07	缸体支承座	1	2A12			
8	HQ-06	活塞杆	1	45			
7	GB/T 894-2017	弹性挡圈	1	Q235			
6	HQ-05	转销	1	2A12			
5	HQ-04	连杆	1	2A12			
4	GB/T 70.1-2008	内六角圆柱头螺钉	7	Q235			M6×14
3	HQ-03	箱盖	1	2A12			
2	HQ-02	箱体	1	2A12			
1	HQ-01	基座	1	2A12			

图 4-4-19

13）填写标题栏与技术要求，双击标注标题栏，依次填写作图单位、图样名称、图样代号、日期、页码、比例，最后填写技术要求，如图4-4-20所示。二维装配总图制作完成，如图4-4-21所示。

					齿轮连冲运动机构
标记处数	更改文件号	数字	日期		
设计		标准化		图件标记	重量	比例	
审核						1:1	HQ-00
工艺		日期		共1页	第1页		

技术要求
1. 零件在装配前必须清理和清洗干净，不得有毛刺、飞边、氧化皮、锈蚀、切屑、油污、着色剂和灰尘等。
2. 齿轮装配后，齿面的接触斑点和侧隙应符合GB 10095和GB 11365的规定。
3. 零件装配完后，齿轮转动必须灵活、顺畅，不得出现卡顿现象。
4. 该装配体在工作前，必须保证活塞杆及缸体有0.1~0.3的间隙，以免该装配体在运动时出现卡顿。

图 4-4-20

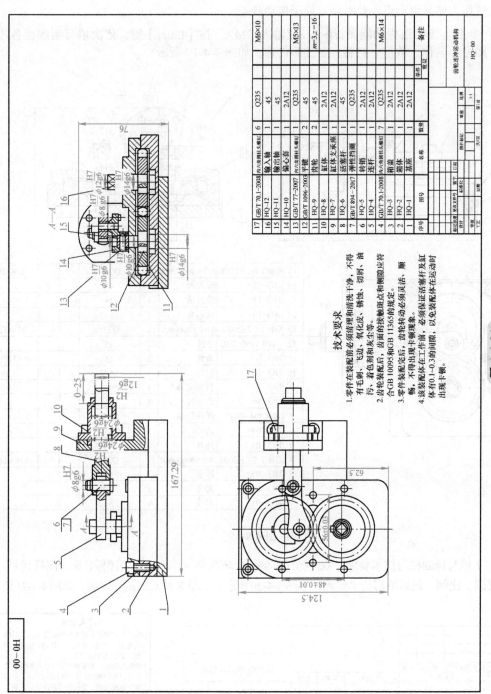

17	GB/T 70.1-2008	内六角圆柱头螺钉	6	Q235		M6×10
16	HQ-12	输入轴	1	45		
15	HQ-11	输出轴	1	45		
14	HQ-10	偏心套	1	2A12		
13	GB/T 77-2007	内六角紧定螺钉	1	Q235		M5×13
12	GB/T 1096-2003	平键	2	45		
11	HQ-9	齿轮	2	45		$m=3, z=16$
10	HQ-8	缸体支承座	1	2A12		
9	HQ-7	活塞杆	1	2A12		
8	HQ-6	弹性挡圈	1	Q235		
7	GB/T 894-2017	转销	1	45		
6	HQ-5	连杆	1	2A12		
5	HQ-4	缸体	1	Q235		
4	GB/T 70.1-2008	内六角圆柱头螺钉	7	Q235		M6×14
3	HQ-3	箱盖	1	2A12		
2	HQ-2	箱座	1	2A12		
1	HQ-1	基座	1	2A12		
序号	图号	名称	数量	材料	单件 总计	备注

齿轮泵冲运动机构
HQ—00

技术要求

1. 零件在装配前必须清理和清洗干净, 不得有毛刺、飞边、氧化皮、锈蚀、切屑、油污、着色剂和灰尘等。
2. 齿轮装配后, 齿面的接触点和侧隙应符合 GB 10095 和 GB 11365 的规定。
3. 零件装配完后, 齿轮转动必须灵活、顺畅, 不得出现卡顿现象。
4. 该装配体在工作前, 必须保证活塞杆及缸体有 0.1~0.3 的间隙, 以免装配体在运动时出现卡顿。

图 4-4-21

考核评价

班级＿＿＿＿＿＿＿＿　　　　　　　小组号＿＿＿＿＿＿＿＿

姓名＿＿＿＿＿＿＿＿　　　　　　　学　号＿＿＿＿＿＿＿＿

项目	自我评价		小组评价		教师评价	
	占总评10%		占总评30%		占总评60%	
制订工作计划						
图层应用						
齿轮简化画法						
序号与明细栏						
尺寸标注						
标题栏填写						
协作精神						
纪律观念						
小计						
总计						

 拓展知识

一、啮合圆柱齿轮的画法

　　齿轮啮合一般画两个视图，在圆视图上，齿顶圆用粗实线，齿根圆用细实线，节圆用细点划线，注意两节圆要相切，如图 4-4-22a 所示。齿根圆及啮合区部分的齿顶圆可以省略不画，如图 4-4-22b 所示。非圆视图一般画成剖视图，线型与单个齿轮的规定一样。要注意在两个齿轮的啮合区部分，一个齿轮的齿顶圆（或齿顶线）与另一个齿轮的齿根圆（或齿根线）之间要有 0.25 倍模数的间隙。在剖视图的啮合区部分应画出一条细点划线、三条粗实线和一条虚线，该虚线为一个齿轮的齿顶线，被另一个齿轮的轮齿挡住。此虚线也可省略不画。非圆视图不剖画法如图 4-4-22b 所示。

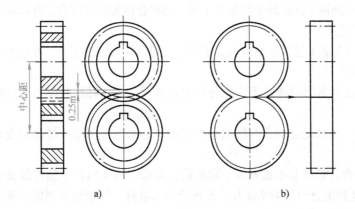

图 4-4-22

二、轴孔配合（表 4-4-1）

表 4-4-1　轴孔配合的种类说明

1）配合。配合是指公称尺寸相同的、相互结合的孔和轴公差带之间的关系。

2）配合种类。

① 间隙。具有间隙（包括最小间隙等于零）的配合称为间隙配合。在间隙配合中，孔的公差带在轴的公差带之上。

② 过盈。具有过盈（包括最小过盈等于零）的配合称为过盈配合。在过盈配合中，孔的公差带在轴的公差带之下。

③ 过渡。可能具有间隙或过盈的配合称为过渡配合，此时孔的公差带与轴的公差带相互交叠。

3）配合公差。组成配合的孔与轴的公差之和。它是允许间隙或过盈的变动量，是一个没有符号的绝对值。

4）基孔制配合。是指基本偏差为一定的孔公差带，与不同基本偏差的轴公差带形成各种配合的制度，基孔制配合中孔为基准孔，是配合的基准件。国家标准规定，基准孔的基本偏差为下极限偏差 EI，数值为零，即 $EI = 0$，上极限偏差为正值，其公差带偏置在零线上侧。基准孔的代号为 H。

5）基轴制配合。是指基本偏差为一定的轴公差带，与不同基本偏差的孔公差带形成各种配合的制度，基轴制配合中轴为基准轴，是配合的基准件。国家标准规定，基准轴的基本偏差为上极限偏差 ES，数值为零，即 $ES=0$；下极限偏差为负值，其公差带偏置在零线下侧。基准轴的代号为 h，如图 4-4-23 所示。

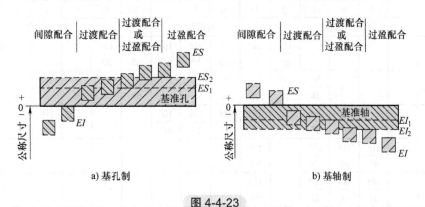

a）基孔制　　　　　　　　　b）基轴制

图 4-4-23

6）基本偏差。基本偏差是用来确定公差带相对于零线位置的，是对公差带位置的标准化。其数量将决定配合种类的数量。国家标准对孔和轴分别规定了 28 个公差带位置，分别由 28 个基本偏差来确定。

其中，基本偏差 H 代表基准孔，h 代表基准轴。

7）公差带代号。孔、轴的公差带代号由基本偏差代号和公差等级数字组成。

当孔和轴组成配合时，配合代号写成分数形式，分子为孔的公差带代号，分母为轴的公差带代号。

例如，H7。H7——孔的公差带代号；H——孔的基本偏差代号；7——标准公差等级。

8）常用配合与优先配合。国家标准 GB/T 1800.1—2020 规定了常用配合和优先配合，如图 4-4-24 和图 4-4-25 所示。

基准轴	孔公差带代号																
	B	C	D	E	F	G	H	JS	K	M	N	P	R	S	T	U	X
	间隙配合							过渡配合			过盈配合						
h5						$\dfrac{G6}{h5}$	$\dfrac{H6}{h5}$	$\dfrac{JS6}{h5}$	$\dfrac{K6}{h5}$	$\dfrac{M6}{h5}$	$\dfrac{N6}{h5}$	$\dfrac{P6}{h5}$					
h6					$\dfrac{F7}{h6}$	$\dfrac{G7}{h6}$	$\dfrac{H7}{h6}$	$\dfrac{JS7}{h6}$	$\dfrac{K7}{h6}$	$\dfrac{M7}{h6}$	$\dfrac{N7}{h6}$	$\dfrac{P7}{h6}$	$\dfrac{R7}{h6}$	$\dfrac{S7}{h6}$	$\dfrac{T7}{h6}$	$\dfrac{U7}{h6}$	$\dfrac{X7}{h6}$
h7				$\dfrac{E8}{h7}$	$\dfrac{F8}{h7}$		$\dfrac{H8}{h7}$										
h8			$\dfrac{D9}{h8}$	$\dfrac{E9}{h8}$	$\dfrac{F9}{h8}$		$\dfrac{H9}{h8}$										
h9				$\dfrac{E8}{h9}$	$\dfrac{F8}{h9}$		$\dfrac{H8}{h9}$										
			$\dfrac{D9}{h9}$	$\dfrac{E9}{h9}$	$\dfrac{F9}{h9}$		$\dfrac{H9}{h9}$										
	$\dfrac{B11}{h9}$	$\dfrac{C10}{h9}$	$\dfrac{D10}{h9}$				$\dfrac{H10}{h9}$										

注：常用配合 38 种，其中优先配合（　　）18 种。

图 4-4-24

基准孔	轴公差带代号																	
	b	c	d	e	f	g	h	js	k	m	n	p	r	s	t	u	x
	间隙配合							过渡配合			过盈配合						
H6						$\dfrac{H6}{g5}$	$\dfrac{H6}{h5}$	$\dfrac{H6}{js5}$	$\dfrac{H6}{k5}$	$\dfrac{H6}{m5}$	$\dfrac{H6}{n5}$	$\dfrac{H6}{p5}$					
H7					$\dfrac{H7}{f6}$	$\dfrac{H7}{g6}$	$\dfrac{H7}{h6}$	$\dfrac{H7}{js6}$	$\dfrac{H7}{k6}$	$\dfrac{H7}{m6}$	$\dfrac{H7}{n6}$	$\dfrac{H7}{p6}$	$\dfrac{H7}{r6}$	$\dfrac{H7}{s6}$	$\dfrac{H7}{t6}$	$\dfrac{H7}{u6}$	$\dfrac{H7}{x6}$
H8				$\dfrac{H8}{e7}$	$\dfrac{H8}{f7}$		$\dfrac{H8}{h7}$	$\dfrac{H8}{js7}$	$\dfrac{H8}{k7}$	$\dfrac{H8}{m7}$				$\dfrac{H8}{s7}$		$\dfrac{H8}{u7}$	
H8			$\dfrac{H8}{d8}$	$\dfrac{H8}{e8}$	$\dfrac{H8}{f8}$		$\dfrac{H8}{h8}$										
H9			$\dfrac{H9}{d8}$	$\dfrac{H9}{e8}$	$\dfrac{H9}{f8}$		$\dfrac{H9}{h8}$										
H10	$\dfrac{H10}{b9}$	$\dfrac{H10}{c9}$	$\dfrac{H10}{d9}$	$\dfrac{H10}{e9}$			$\dfrac{H10}{h9}$										
H11	$\dfrac{H11}{b11}$	$\dfrac{H11}{c11}$	$\dfrac{H11}{d10}$				$\dfrac{H11}{h10}$										

注：常用配合 45 种，其中优先配合（　　）16 种。

图 4-4-25

三、配合尺寸在图样中的表达

在装配图中标注线性尺寸的配合代号时，必须在基本尺寸的右边用分数的形式注出，分子为孔的公差带代号，分母为轴的公差带代号（图 4-4-26a）。

必要时也允许按图 4-4-26b 所示、图 4-4-26c 的形式标注。标注与标准件配合的零件（轴或孔）的配合要求时，可以仅标注该零件的公差带代号（图 4-4-26d）。

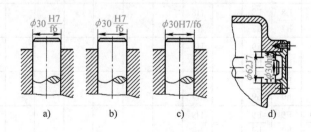

$\phi30\dfrac{H7}{f6}$　　　$\phi30\dfrac{H7}{f6}$　　　$\phi30H7/f6$

a)　　　　b)　　　　c)　　　　d)

图 4-4-26

课后练习

利用中望 3D 软件对图 4-4-27 所示图形（上面已对其进行视图处理）进行二维装配图绘制。

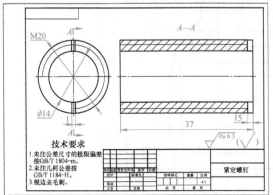

a)

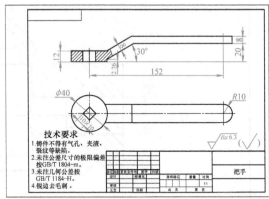

b)

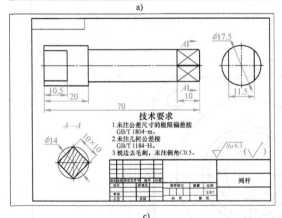

c)

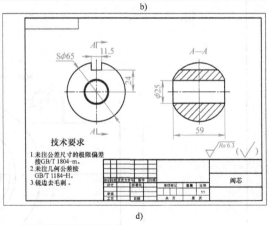

d)

图 4-4-27

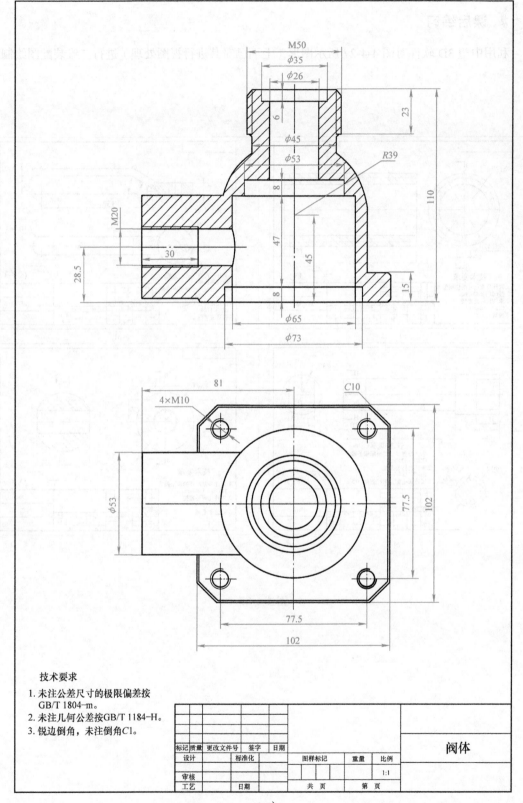

技术要求

1. 未注公差尺寸的极限偏差按 GB/T 1804-m。
2. 未注几何公差按 GB/T 1184-H。
3. 锐边倒角，未注倒角C1。

标记	质量	更改文件号	签字	日期				
设计			标准化			图样标记	重量	比例
								1:1
审核								
工艺			日期			共　页	第　页	

阀体

e)

图 4-4-27（续）

职业素养：发挥自我价值，融入国家建设队伍

　　装配图是用来表达机器的工作原理、装配关系的图样，包含若干个零部件。每个零件既是独立的个体，又相互连接成机械部件，特别是有些结构简单的标准件，如螺钉、螺栓这种看似微不足道的小零件，却是机械整体不可或缺的一部分。螺钉、螺栓之于机器如同个人之于家国。作为个人应能够正确认识成长的历史性和条件性，准确定位自我发展，将自我发展融入国家发展浪潮，自觉将个人价值观与时代、社会、国家价值要求融为一体，发挥自我价值，建设国家。

　　作为青年学生，一定要有坚定的理想信念。习近平总书记指出："青年的理想信念关乎国家未来。青年理想远大、信念坚定，是一个国家、一个民族无坚不摧的前进动力。"把个人理想和实现中华民族伟大复兴的中国梦统一起来，只有将个人梦想融入到国家发展中去，个人才能拥有更广阔的实现自我人生价值的舞台，绽放出青春的光彩。同时要从最基本、最底层做起，做好自己的本职工作，这是实现理想的过程中不可缺少的环节，中华民族伟大复兴的事业正是建立在无数平凡小事的基础上的。要把个人理想自觉地融入中国特色社会主义的共同理想之中，把个人奋斗融入实现社会现代化共同奋斗之中，在实现国家富强、民族振兴、人民幸福、社会稳定和谐的过程中，实现自己的人生理想。